Fritz Winklmann, Heiner Schmidt

Ziegelmontagebau

Eine Chance für die Zukunft

14 Edition expert**soft**

Fritz Winklmann, Heiner Schmidt
unter Mitarbeit von Klaus Harzer,
Dipl.-Ing. Johann Kagermeier, Dipl.-Kfm. Georg Mühlbauer

Ziegelmontagebau

Eine Chance für die Zukunft

Mit 21 Bildern und 5 Tabellen

expert verlag

Enthält:
1 3½"-Diskette

Die Deutsche Bibliothek – CIP-Einheitsaufnahme

Winklmann, Fritz:
Ziegelmontagebau : Eine Chance für die Zukunft /
Fritz Winklmann ; Heiner Schmidt. Unter Mitarb. von
Klaus Harzer... – Renningen-Malmsheim : expert-
Verl., 1994
  (Edition expertsoft ; 14)
  ISBN 3-8169-1112-9
NE: Schmidt, Heiner:; GT

ISBN 3-8169-1112-9

Bei der Erstellung des Buches wurde mit großer Sorgfalt vorgegangen; trotzdem können Fehler nicht vollständig ausgeschlossen werden. Verlag und Autoren können für fehlerhafte Angaben und deren Folgen weder eine juristische Verantwortung noch irgendeine Haftung übernehmen. Für Verbesserungsvorschläge und Hinweise auf Fehler sind Verlag und Autoren dankbar.

© 1994 by expert verlag, 71272 Renningen-Malmsheim
Alle Rechte vorbehalten
Printed in Germany

Das Werk einschließlich aller seiner Teile ist urheberrechtlich geschützt. Jede Verwertung außerhalb der engen Grenzen des Urheberrechtsgesetzes ist ohne Zustimmung des Verlags unzulässig und strafbar. Dies gilt insbesondere für Vervielfältigungen, Übersetzungen, Mikroverfilmungen und die Einspeicherung und Verarbeitung in elektronischen Systemen.

Vorwort

Menschengerechte Arbeitsplätze zu schaffen, muß Ziel eines jeden Unternehmens sein. Technologisch Innovationen beinhalten dabei in besonderem Maße die Chance, auch die Arbeitsbedingungen so zu gestalten, daß Belastungen für die Mitarbeiter weiter verringert und Gefährdungen abgebaut werden. Das in diesem Buch beschriebene Projekt der vollkommenen Neuplanung einer Fertigungshalle demonstriert, wie durch die konsequente Berücksichtigung aller Momente des Produktionsprozesses, angefangen beim Produkt selbst bis hin zu Feinheiten der Logistik, die Innovationspotentiale auch im Sinne einer humanen Arbeitsgestaltung genutzt wurden. Wie wir aus vielen anderen Studien wissen, bringt der Einsatz neuer Technologien keineswegs automatisch einen Belastungsabbau mit sich, erhöht die Sicherheit am Arbeitsplatz oder verhindert die Dequalifizierung von Mitarbeitern. Dabei ist das in diesem Buch dargestellte Beispiel noch in dreierlei Hinsicht besonders bemerkenswert: Es wurde von einem mittelständischen Unternehmen ohne große eigene Planungsstäbe realisiert, der Betrieb ist in einer strukturschwachen Zone angesiedelt, als Baufirma gehört er zu einer Branche, die bislang nicht zu den Vorreitern industrieller Innovationsprozesse gerechnet werden konnte. Umso mehr mögen die Erkenntnisse aus dem Vorgehen der Firma Winklmann anderen Mut machen, zukunftsträchtige Technologien mit der Anwendung moderner arbeitswissenschaftlicher Methoden zu kombinieren.

München, im Januar 1994   Prof. Dr. Franz Ruppert

Autoren-Vorwort

Die Technik des Ziegelmontagebaues hat sich seit Mitte der 60er Jahre immer mehr durchgesetzt. Das Verfahren ist inzwischen ausgereift, bewährt und genießt in Fachkreisen höchste Anerkennung.
Unsere umfangreichen Erfahrungen im Ziegelmontagebau und die Bauaufgaben, die auf die Bauindustrie zukommen werden, haben uns veranlaßt, weiterhin nach neuen Lösungen zu suchen und diese in der Praxis zu überprüfen.
Die Schaffung menschengerechter Arbeitsplätze mit breiteren Arbeitsinhalten, Qualitätssteigerung, Rationalisierung und Umweltschutz waren unsere vorrangigen Ziele.
Bei der Verwirklichung dieser Ziele wurde höchste Priorität darauf gelegt, die Fertigung im Werk flexibel zu gestalten, um den Wünschen unserer Kunden gerecht zu werden.
In diesem Buch werden neue Wege aufgezeigt, wie menschengerechte Arbeitsgestaltung und Belastungsabbau mit betrieblichen Rationalisierungs- und wirtschaftlichen Optimierungszielen verbunden werden können. Es werden sowohl die Ermittlung der theoretischen Grundlagen in einem Modellvorhaben als auch die Umsetzung der Ergebnisse in die Praxis dargestellt. In dem dargestellten Projekt steckt das traditionell gewachsene Wissen des Bauhandwerks und die gesamte Innovation der Ingenieurwissenschaften des ausgehenden 20. Jahrhunderts.
Dank gebührt allen, die das Zustandekommen der vorliegenden Arbeit ermöglicht haben, insbesondere der Unternehmensberatung Krehl und Partner für die Durchführung der Wertanalyse, der Firma Runge GmbH Industrielanung für die technische Gestaltung des Fertigungsablaufs, dem Institut für Unfallforschung und Ergonomie des TÜV Rheinland, der Bauberufsgenossenschaft, der Steinbruchberufsgenossenschaft, der Berufsgenossenschaft Glas und Keramik, den Firmen Dr.-Ing.P. Maack GmbH und Cesys EDV GmbH für die Entwicklung der EDV Lösungen, dem Ziegelforschungsinstitut Essen für die Entwicklung vormontagefähiger Ziegelformen, dem Bundesministerium für Forschung und Technologie für die Förderung der Arbeit im Rahmen des zugrundeliegenden Forschungsprojektes und allen Mitarbeitern der Firma Ziegelmontagebau Winklmann, die das Projekt mitgetragen haben. Für die Zusammenstellung des Buches möchte ich mich bei Herrn Klaus Harzer, Herrn Dipl.-Ing. Johann Kagermeier und Herrn Dipl.-Kfm. Georg Mühlbauer bedanken.

Rötz, im Januar 1994   Fritz Winklmann

Inhaltsverzeichnis

Vorwort
Autoren-Vorwort

1	**Problemstellung**	1
1.1	Branchentypische Problemsituation	1
1.2	Lösungsansatz	2

2	**Allgemeine Betrachtungen zur Ziegelmontagebauweise**	6
2.1	Begriffliche und sachliche Abgrenzungen	6
2.2	Entwicklung der Montagebauweise im Wohnungsbau	9
2.3	Grundzüge der Ziegelmontagebauweise	13
2.4	Stand der Technik	22
2.5	Abbau von Belastungsfaktoren und Gefährdungspotentialen im Ziegelmontagebau	24

3	**Produktanalytische Prämissen der Verfahrensinnovation**	26
3.1	Produktbeschreibung	26
3.2	Kundenverhalten und Präferenzstruktur	29
3.3	Kundenorientierte Zielvorgaben und verfahrensrelevante Konsequenzen	30

4	**Schwachstellenanalyse des bisherigen Fertigungsprozesses**	32
4.1	Beschreibung des bisherigen Fertigungsablaufs	32
4.2	Beschäftigtenstruktur und Tätigkeitsprofile	33
4.3	Belastungs- und Sicherheitsanalyse	35

5	**Abgeleiteter Innovationsansatz**	38
5.1	Fertigungsalternativen	38
5.2	Verfahrensrelevante Einzelergebnisse	40
5.2.1	Vorinstallation	40
5.2.2	Fördersystem	41
5.2.3	Sicherheitskonzept für das Fördersystem	41
5.2.4	CAD/CAM-Lösungen	42

6	**Realisierte Gesamtlösung im Bereich Vorfertigung**	**44**
6.1	Beschreibung des Fertigungsablaufs	44
6.2	Beurteilung des neuen Fertigungsablaufs unter dem Gesichtspunkt des Belastungsabbaus	48
7	**Belastungsreduzierende Innovationen im Montage- und Ausbauprozeß**	**50**
7.1	Ausgangssituation	50
7.2	Auswirkungen des umgesetzten Fertigungskonzepts	50
7.3	Innovationsansätze	51
7.3.1	Belastungsabbau durch technologische Innovationen	51
7.3.2	Belastungsabbau durch Werkstoffwechsel	51
7.3.3	Belastungsabbau durch Verbesserung der Rahmenbedingungen. EDV-gestützte Routenplanung.	52
8	**Arbeitsorganisatorische Gesamtkonzeption**	**55**
8.1	Neue Ausgangspunkte der organisatorischen Gestaltung der Arbeit	55
8.2	Personalbedarf und Arbeitszeitregelung	56
8.2.1	Abbau von Überstunden durch Zweischichtbetrieb	56
8.2.2	Verkürzung der Arbeitswoche im Montagebereich	57
8.3	Innerbetriebliche Arbeits- und Aufgabenteilung	57
8.3.1	Gruppenarbeit in der Werksfertigung	57
8.3.2	Experimentelle Erprobung von gemischten Montagegruppen	59
8.3.3	Arbeitsteilung unter soziologisch relevanten Kriterien	59
8.3.4	Neue Kompetenzaufteilung in der Baubetreuung	60
9	**Qualifizierungskonzept**	**61**
9.1	Ausgangspunkt: Neue Arbeitsanforderungen	61
9.2	Qualifizierungsstrategie	63
9.3	Innerbetriebliche qualifizierende Maßnahmen	64
10	**Zusammenfassung und Ausblick**	**66**
	Literaturhinweise	**68**
	Sachregister	**70**

1 Problemstellung

1.1 Branchentypische Problemsituation

Branchentypische Mehrbelastungen und überdurchschnittliche Unfallrisiken prägen auch heute noch die Arbeitsplatzsituation in weiten Teilen der Bauwirtschaft und führen zu erheblichen Beanspruchungen des arbeitenden Menschen und seiner Fähigkeiten. Die Wirkungen körperlicher Schwerarbeit, die auf Baustellen nach wie vor zu leisten ist und geleistet wird, sind aus den einschlägigen Statistiken über berufsbedingte Gesundheitsgefährdungen unschwer abzulesen. (Vgl. [2]). Im Vergleich mit anderen Industriezweigen und im Urteil der Bevölkerung schneiden die Bauberufe daher wenig positiv ab. So heißt es in einer Pressemitteilung des Bundesministeriums für Forschung und Technologie vom 29.11.91: "Die Arbeitsbedingungen und Arbeitsbelastungen in den deutschen Baubetrieben werden von den Bauarbeitern so negativ eingeschätzt, daß 80% der Bauarbeiter ihren Söhnen abraten würden, den von ihnen erlernten Beruf zu ergreifen." Die mangelnde Attraktivität der Arbeitsplätze in der Baubranche spiegelt sich wider in der seit Jahren hinter dem Angebot zurückbleibenden Nachfrage nach entsprechenden Ausbildungsplätzen. Hohe Fluktuationsraten und die besondere Altersstruktur im Bauhauptgewerbe – "über 40% der gewerblichen Arbeitnehmer sind hier älter als 45, die meisten Poliere älter als 50 Jahre" [4] – sind die andere Seite derselben Medaille.

Daraus ergibt sich für die Baubranche eine prekäre Arbeitsmarktsituation, die der Bundesminister für Raumordnung, Bauwesen und Städtebau bereits 1976 folgendermaßen kennzeichnet: "Die Bauwirtschaft gehört mit einem Personalaufwand von rund 38% vom Umsatz zu den arbeitsintensivsten Branchen... Aus der Kombination von überdurchschnittlich arbeitsintensiver Produktionsweise und unterdurchschnittlicher Produktivitätssteigerug ergibt sich für die Bauwirtschaft folgendes Problem: Um ein verstärktes Abwandern von Bauarbeitern in andere Branchen wie in den sechziger Jahren zu verhindern, muß sich die Lohnentwicklung im Baugewerbe am gesamtwirtschaftlichen Durchschnitt orientieren, der sich wiederum nach der Produkivitäts- und Lohnsteigerung in führenden Branchen richtet. Dadurch steigen die Personalkosten schneller, als die Produktion zunimmt – ihr Anteil an den Gesamtkosten wächst und erhöht gleichzeitig das gesamte Kostenvolumen." ([5] S. 43). Hinzukommt, daß sich die branchenspezifische Belastungs- und Gefährdungssituation in der Bauarbeit, die sich in den letzten Jahren durch Rationalisierungsbemühungen insgesamt nicht verbessert, sondern im Gegenteil noch verschärft hat: "Rationalisierungsbemühungen in den vorangegangenen Jahren haben zudem zu einer Zunahme monotoner, spezialisierter und wenig qualifizierter Tätigkeiten geführt. Ein zunehmender Einsatz von Baumaschinen geht einher mit einer wachsenden Lärmbelastung und Vibrationen. Beim Umgang mit gefährlichen Arbeitsstoffen gibt es eine steigende Tendenz." [4]. In diesem Kontext kommt der Entwicklung neuer technologischer und organisatorischer Verfahren zum Abbau von Belastungen und Gefährdungen und damit zur Verbesserung der Arbeitsbedingungen in der Baubranche eine entscheidende Bedeutung zu.

Zur begrifflichen Eingrenzung der Problematik ist es hilfreich, eine klare Unterscheidung der Begriffe "Belastung", "Gefährdung" und "Beanspruchung" vorzunehmen. Belastungen sind als gegebene Ursachen aktueller Beeinträchtigungen oder Schädigungen des Menschen aufzufassen. Sie sind situativ bedingte Faktoren, die "das physische und/oder psychosoziale Befinden und die Gesundheit des Individuums beeinträchtigen oder sogar schädigen" ([29], S. 429). Belastungen im Arbeitsprozeß können in den gestellten Arbeitsanforderungen oder in den Bedingungen liegen, unter denen die Arbeit verrichtet wird. Gefährdungen sind demgegenüber als potentielle Ursachen schädlicher Wirkungen auf den menschlichen Organismus anzusehen. Diese potentiellen Ursachen sind als Energiepotentiale ebenfalls objektiv gegeben, auch wenn sie ihre schädliche Wirkung aktuell nicht entfalten. "Eine Gefährdung liegt vor, wenn die Möglichkeit eines Zusammentreffens von Energiepotential und Organismus aktuell möglich ist" [26]. Belastungen und Gefährdungen führen auf Seiten des affizierten Individuums zu Beanspruchungen. Diese können das Subjekt in unterschiedlicher Weise (körperlich, psychisch) und in unterschiedlicher Intensität betreffen.

Bautypische Belastungen und Gefährdungen sind vor allem:
- das Heben und Tragen schwerer Lasten,
- das Arbeiten in Zwangshaltung oder mit einseitiger Körperbelastung,
- Tätigkeiten unter widrigen Witterungsverhältnissen (Kälte, Nässe, Zug-luft),
- schädliche Affektionen durch Lärm, Vibrationen, Staub, Abgase und Dämpfe,
- Unfallrisiken durch unübersichtliche, mangelhaft gesicherte und beengte Verhältnisse auf der Baustelle;
- der jahreszeitlich bedingte Wechsel von Kurz- und Mehrarbeit,
- psychische Belastungen durch wechselnde Baustellen,
- lange Abwesenheitszeiten vom Wohnort und von der Familie,
- durch mangelhafte Arbeitsorganisation bedingter Zeitdruck und sozialer Streß.

1.2 Lösungsansatz

Ausgehend von der Dringlichkeit, die Arbeitsbedingungen in der Bauwirtschaft nachhaltig zu verbessern, gründet das Forschungsprojekt, dessen Ergebnisse in dieser Arbeit vorgestellt werden, in der Einsicht, daß die Möglichkeiten, durch innovative Verfahrensänderungen technisch realisierbare und wirtschaftlich durchführbare Konzepte der menschengerechten Gestaltung der Arbeit zu entwickeln, im Baugewerbe bei weitem noch nicht ausgeschöpft sind.

Die Erfahrungen, die in den letzten Jahrzehnten in der Anwendung neuer Baumethoden gemacht werden konnten, zeigen, daß insbesondere die industrielle Vorfertigung von Wandtafeln und Decken vielfältige Ansatzpunkte für den Abbau von Belastungen und Gefährdungen bietet.

Die im Montagebau (Elementbauweise) verfahrensbedingt vollzogene Verlagerung von Fertigungsschritten von der Baustelle in die Fabrikhalle stellt als solches einen wesentlichen Faktor zur Reduzierung bautypischer Belastungen des Menschen dar:

- die Abhängigkeit von der Witterung entfällt,
- der feste Ort des Arbeitsplatzes ermöglicht eine bessere Koordination von Beruf und Familienleben,
- Umstellungsprobleme durch häufig wechelnde Einsatzorte werden reduziert.

Darüber hinaus stellt die werkseitige Vorfertigung gegenüber dem konventionellen Hausbau einen günstigeren Ausgangspunkt für die menschengerechte Arbeitsplatzgestaltung dar:

- Die Fertigung in der Fabrikhalle erlaubt in ganz anderer Weise und in höherem Ausmaß den Einsatz mechanischer Hilfen und damit den Abbau körperlicher Schwerarbeit,
- sie ermöglicht die Automatisierung von Fertigungsschritten und damit eine Entlastung des Menschen von der Ausführung sich eintönig wiederholender Arbeitsschritte,
- sie gestattet die umfassende Einrichtung des Fertigungsprozesses nach den Gesichtspunkten eines wirksamen Arbeitsschutzes,
- sie erlaubt eine Präzisierung der Arbeitsorganisation, die die Kontinuität des Arbeitsprozesses gewährleistet und das Einhalten von Zeitvorgaben erleichtert,
- sie ermöglicht neue Definitionen der Arbeitsinhalte und bietet durch geänderte Arbeitsanforderungen den Mitarbeitern neue Qualifizierungschancen.

Methoden der industriellen Vorfertigung stellen somit für die Baubranche einen zukunftsweisenden Ansatz dar, die Arbeitssituation in der Bauwirtschaft entscheidend zu verbessern und im Hinblick auf menschengerechte Arbeitsbedingungen anderen Industriebranchen anzugleichen.

Im der vorliegenden Arbeit werden neue Wege des Belastungsabbaus im Bereich der Ziegelmontagebauweise dargestellt.

Sie geht zurück auf ein Forschungsvorhaben, das vom Bundesministerium für Forschung und Technologie im Rahmen des Forschungs- und Entwicklungsprogramms "Arbeit und Technik" gefördert wurde.

Die fabrikmäßige Fertigung von Wandscheiben und Deckentafeln aus Ziegeln und der dabei erreichte hohe Mechanisierungs- und Automatisierungsgrad haben bereits in der Vergangenheit wesentlich dazu beigetragen, im konventionellen Wohnhausbau übliche Belastungen abzubauen. Auf Grundlage der positiven Erfahrungen mit der Ziegelmontagebauweise ist erkannt worden, daß das realisierte Fertigungsverfahren als Ansatzpunkt für eine weitreichende Verbesserung der Arbeitsbedingungen im Wohnungsbau entwicklungsfähig ist und Chancen für einen weitergehenden Belastungsabbau in der Bauarbeit bietet. Unter der Zielsetzung, im bestehenden Fertigungs- und Montageprozeß noch gegebene Belastungen des Menschen weitgehend zu reduzieren, wurde eine umfassende Überprüfung der Produktionsfaktoren "Maschine, Material und Methode" eingeleitet und durchgeführt. Die bestehenden Verfahren wurden im Hinblick auf Belastungsfaktoren analysiert. Technische und organisatorische Möglichkeiten ihrer Beseitigung wurden systematisch ermittelt, konzeptionell fortentwickelt und zur Produktionsreife gebracht. Dabei konnte durch intensive Zusammenarbeit mit dem Bundesministerium für Forschung und Technologie, mit dem Technischen Überwachungsverein, dem Gewerbeaufsichtsamt und den Berufsgenossenschaften, mit Sachverständigen der Industrie- und Unternehmensplanung, mit Maschinenherstellern, EDV-Spezialisten und natürlich mit firmeneigenen Fachleuten gewährleistet werden, daß alle relevanten Gesichtspunkte in der zukunftsorientierten Gestaltung neuartiger technischer und organisatorischer Verfahren berücksichtigt werden.

Zielsetzung des Projekts war es, geeignete Verfahren zu entwickeln, durch die sich die im Ziegelmontagebau angelegten neuen Möglichkeiten der menschengerechten Arbeitsplatzgestaltung und der Belastungsreduzierung möglichst weitreichend realisieren lassen.

Aus dieser Zielsetzung ergaben sich folgende Problemfelder:

- Um möglichst viele Tätigkeiten von der Baustelle in die Fabrikhalle verlagern zu können, mußten Möglichkeiten und Methoden ermittelt werden, den Vorfertigungsgrad der Ziegelwandscheiben und der Ziegeldecken zu erhöhen, ohne dabei bewährte Qualitätsstandards der Produktfertigung aufzugeben. Das Ziel, die Arbeit auf der Baustelle auf das notwendige Maß zu reduzieren, machte es erforderlich, nach neuen Wegen zu suchen, bislang auf der Baustelle ausgeführte Arbeiten, wie etwa das Verlegen von Installationen, das Verputzen der Deckenplatten und das Setzen von Fenstern und Türzargen, als Arbeitsschritte im Fertigungsprozeß der Ziegelelemente zu integrieren.
- Der Prozeßablauf in der Wandscheiben-und Deckenfabrikation war neu zu strukturieren, Arbeitsinhalte waren neu zu definieren. Dieselben Aufgaben stellten sich für die unter den neuen Gegebenheiten durchzuführenden Montagearbeiten.
- Entlastungsmöglichkeiten durch mechanische Hilfen mußten für die einzelnen Arbeitsschritte ermittelt, auf ihre Wirtschaftlichkeit geprüft, ge-gebenenfalls entwickelt und erprobt werden.
- Um die Kontinuität des Arbeitsprozesses zu gewährleisten und die aus Ablaufstörungen resultierenden Belastungen der Mitarbeiter zu reduzieren, waren die Arbeitsorganisation umzustellen und neue Planungsinstrumente zu entwickeln.
- Den neuen Arbeitsanforderungen angemessene Qualifizieungskonzepte mußten definiert werden.

Die Problemlösung, die in diesem Buch vorgestellt wird, faßt somit weitreichende Umgestaltungen der Planungsabteilung, des Fertigungsprozesses in der Fabrik, des Montageverfahrens auf der Baustelle und des Transportsystems ins Auge. Sie schließt Innovationen auf dem Feld der Produktgestaltung, der Materialanpassung, der EDV-Nutzung, des Einsatzes technischer Hilfen und der Arbeitsorganisation ein. Sie hat die Gesichtspunkte einer möglichst weitreichenden Reduzierung von Unfallrisiken und Gesundheitsgefährdungen, einer konsequenten Minderung der Belastungen in den einzelnen Arbeitsabläufen, einer Gestaltung attraktiver Arbeitsinhalte und einer zukunftsweisenden Entwicklung neuer Qualifizierungschancen für die Mitarbeiter zu verfolgen. Sie hat als wichtigen Aspekt die kundengerechte Gestaltung des Produkts zu berücksichtigen, die durch den Einsatz natürlicher Materialien, handwerkliche Fertigungsqualität, industrielle Rationalisierung und individuelle Gestaltungsmöglichkeiten gewährleistet bleiben soll. Sie hat schließlich den Gesichtspunkten der Wirtschaftlichkeit, der unternehmerischen Nutzung von Wachstumschancen und eines effektiven Marketings Rechnung zu tragen.

Dabei werden die Zusammenhänge zwischen den einzelnen Produktions- und Arbeitsschritten des unternehmerischen Gesamtprozesses, zwischen Teilanforderungen an diese Einzelschritte und zwischen Detaillösungen in einer ganzheitlichen Lösungskonzeption berücksichtigt. Insbesondere werden die Zusammenhänge und Wechselwirkungen zwischen den Gestaltungsfeldern Technik, menschengerechte Arbeit, Produkt und investiver Bedarf zielgerichtet umgesetzt.

Der ganzheitlich konzipierten Lösung liegt die umfassende Analyse des bestehenden Verfahrens und der gegebenen Einrichtungen des Unternehmens zugrunde, die die am Gesamtprozeß der Wohnhauserstellung beteiligten Arbeitsabläufe in die einzelnen Arbeitsschritte zerlegt. Die Analyse des Prozeßablaufs erbringt die nötigen Detailerkenntnisse über Schwachstellen und Verbesserungsmöglichkeiten und deckt die Interdependenzen zwischen den verschiedenen Arbeitsschritten und den an sie zu stellenden Anforderungen auf.

Infolgedessen kann hier die innovative Weiterentwicklung eines Produktions- und Arbeitsprozesses unter dem Gesichtspunkt menschengerechter Technologiegestaltung dargestellt werden. Damit liegen nicht nur Detaillösungen für firmenspezifische Problemlagen vor. Da das untersuchte und fortentwickelte Verfahren des Ziegelmontagebaus im Prinzip für die Erstellung jedes individuell geplanten oder standardisierten Wohnhauses oder sonstigen Gebäudes geeignet ist, stellt es eine Alternative zum konventionellen Bauen dar und kann durch seine verfahrensbedingte Minderung der Belastungsprobleme einen wesentlichen Beitrag zur Verbesserung der Arbeitsbedingungen in der Bauwirtschaft leisten.

Wesentlicher Gesichtspunkt des Projekts ist der ganzheitliche Zugang zu innovativen Gestaltungsmaßnahmen, der Problemstellungen nicht "von vornherein so eingrenzt, daß die – oft unbewußt – schon feststehende Lösung gerechtfertigt werden kann" ([1], S. 19), sondern die Innovationskomponenten Gesundheit, Technik, Organisation und Qualifikation als gleichermaßen wichtige Anforderungen an perspektivenweisende Unternehmensentwicklungen begreift (vgl. Bild 1.1).

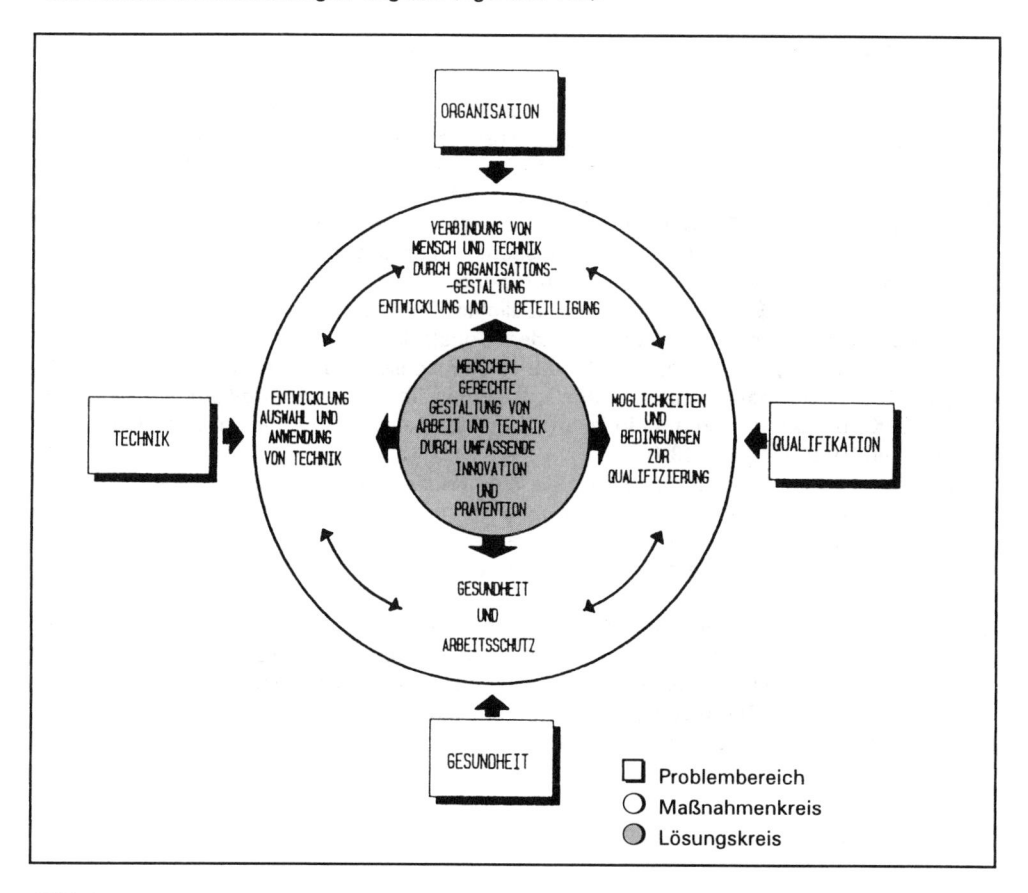

Bild 1.1: Zugangswege und Grundbereiche des Forschungsprogramms "Arbeit und Technik" (entnommen aus: [4], S. 31)

2 Allgemeine Betrachtungen zur Ziegelmontagebauweise

Die nachfolgenden Betrachtungen dienen der Einführung in die Grundlagen des Ziegelmontagebaus. Sie sollen helfen, ein Verständnis für diese Bauweise zu entwickeln, und die Einordnung des zu behandelnden Forschungs-vorhabens ermöglichen.

2.1 Begriffliche und sachliche Abgrenzungen

Der Begriff der *Montagebauweise* bezeichnet allgemein ein Verfahren der Errichtung von Gebäuden aus vorgefertigten Bauelementen, die auf der Baustelle verbunden und komplettiert werden. Die Fertigung der Bauteile wird in diesem Verfahren von der Baustelle in die Fabrik (oder in eine der Baustelle angeschlossene Produktionsanlage; Feldfabrik) verlagert, so daß die für die Errichtung des Gebäudes notwendigen Arbeiten auf der Baustelle quantitativ und qualitativ auf den Prozeß der Montage reduziert werden (Vgl. [18], S. 7). Die Begriffe "*Elementbauweise*" und "*Fertigteilbauweise*" – nicht zu verwechseln mit dem Fertighausbau! – bezeichnen dasselbe Verfahren, nur unter dem Gesichtspunkt der Bauteil-Vorfertigung.

Die Montagebauweise kann sich unterschiedlicher Konstruktionsverfahren bedienen. Die *Skelettbauweise* beruht auf einer tragenden Konstruktion aus vertikalen und horizontalen, linearen Tragelementen, auf die die raumabschließenden nichttragenden Wände und die Decken aufmontiert bzw. aufgelegt werden. In der *Wandtafelbauweise* wird die tragende Konstruktion durch Wände und Decken realisiert, die gleichzeitig den Raum abschließen. (Vgl. [16], S. 23 ff).

Wandtafeln können als Großtafeln und als Kleintafeln erstellt werden. In der *Großtafelbauweise* werden Wände und Decken als Ganze serienmäßig erstellt, so daß Stöße der Bauteile nur an den Gebäude- bzw. Raumecken entstehen. In der *Kleintafelbauweise* werden Decken und Wände aus kleineren, in ihren Maßen variablen Tafeln zusammengesetzt.

Die Wandtafeln können aus unterschiedlichen Baustoffen wie Beton, Ziegeln, Leichtbeton, Holz etc. gefertigt werden. Danach werden *Massiv- und Leichtbauweise* unterschieden. Die Ziegelmontagebauweise ist nach diesen Begriffsdefinitionen ein Verfahren, durch das Massivbauten aus vorgefertigten, maßvariablen Wandtafeln und Deckenplatten erstellt werden.

Skelettkonstruktion

Tragende Konstruktion aus linearen, geraden Teilen. Raumabschluß durch vorgesetzte Wände bzw. aufgelegte Decken

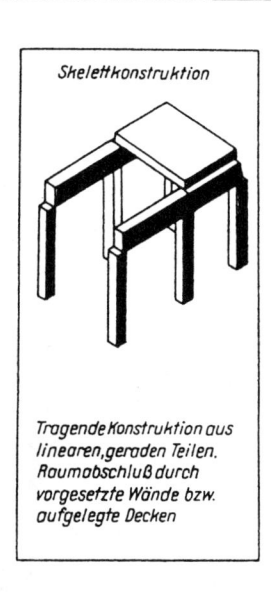

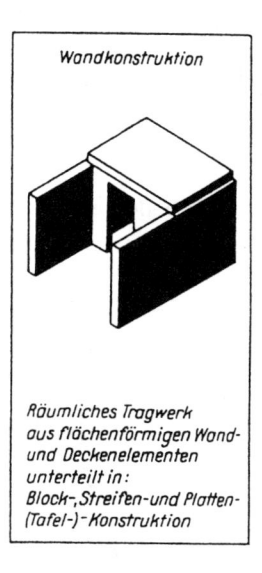

Wandkonstruktion

Räumliches Tragwerk aus flächenförmigen Wand- und Deckenelementen unterteilt in: Block-, Streifen- und Platten-(Tafel-)-Konstruktion

Bild 2.1: Elementierungsprizipien bei Montagebauweise
(entnommen aus: [31], S. 82)

Zur Verdeutlichung der damit gegebenen Bestimmungen sind sachliche Abgrenzungen vom konventionellen Verfahren des Ziegelhausbau, von der Großtafelbauweise in Beton und vom in Leichtbauweise erstellten Fertighaus nützlich, die auch einen ersten Einblick in Vor- und Nachteile der ver-schiedenen Bauweisen geben.

Im *traditionellen Ziegelhausbau* werden die zur Erstellung eines Gebäudes notwendigen Baustoffe zur Baustelle transportiert und dort unter Einsatz technischer Hilfsmittel und nach dem Prinzip "Stein auf Stein" zum Mauerwerk verarbeitet. Im Ziegelmontagebau wird demgegenüber das Mauerwerk, das grundsätzlich aus denselben Baustoffen gefertigt ist, fabrikmäßig hergestellt, in Form von Fertigteilen zur Baustelle transportiert und dort montiert.

Dieses Verfahren eröffnet unter mehreren Gesichtspunkten neue Perspektiven:
- Die Reduktion der in besonderer Weise durch Belastungen geprägten Baustellenarbeit auf die Montage vorgefertigter Bauteile stellt einen wesentlichen Beitrag zur Humanisierung der Arbeit dar.

- Zwar gelangen auch im konventionellen Ziegelbau zunehmend technische Hilfen zum Einsatz, die den Arbeiter von körperlicher Schwerarbeit entlasten. (vgl. Kuhne 1990, S. 159–175). Der Mechanisierung sind jedoch auf der Baustelle, insbesondere auf der für den Ein- und Zwei-familienhausbau einzurichtenden Kleinbaustelle, durch die örtlichen Gegebenheiten und durch den aufwendigen Transport Grenzen gesetzt, die die Fabrikfertigung durchbrechen kann. Dadurch werden neue Möglichkeiten der Arbeitsentlastung realisierbar.

- Die Anwendung von Steinsetzgeräten im konventionellen Mauerbau, die in Vertikalbauweise den Mauervorgang mechanisieren, bieten keine Möglichkeiten der Integration von Folgearbeitsgängen. Durch Verfahrensverbesserungen der industriellen Wandtafelherstellung ist es hingegen möglich geworden, den Vorfertigungsgrad von Massivbauelementen erheblich zu steigern und Arbeitsgänge, die üblicherweise auf der Baustelle durchzuführen sind, in den in der Fabrik vollzogenen Fertigungsprozeß zu integrieren. Die Ziegelmontagebauweise bietet so zusätzliche Entlastungsmöglichkeiten.

- Mechanisierung und Automatisierung der Arbeitsabläufe in der industriellen Produktion ermöglichen bedeutende Rationalisierungseffekte.

Bild 2.2: Gebäude in Ziegelmontagebauweise, hergestellt aus in der Fabrikhalle vorgefertigten Wandelementen durch die Firma Anton Schmid OHG, Baujahr 1970

- Durch die Anwendung rationellerer Methoden ist es möglich, die Bauzeit erheblich zu senken. Da Teile der Haustechnik bereits in der Fabrik eingebaut werden, reduziert sich der Montage- und Ausbauaufwand auf der Baustelle. Da die vorgefertigten Bauteile bereits in der Fabrik getrocknet werden, können die dem Rohbau folgenden Arbeitsgänge unmittelbar anschließend ausgeführt werden.

- Durch die industrielle Fertigung der Bauteile läßt sich, insbesondere durch höhere Maßhaltigkeit der Bauteile, die Qualität des Produkts steigern.

Die Errichtung von Gebäuden aus *Großtafeln in Beton* stellt ein Verfahren dar, das insbesondere bei der Erstellung von Industrie- und Verwaltungsbauten unbestreitbare Vorzüge hat und dem Baugewerbe im 20. Jahrhundert neue perspektivenreiche und erfolgreich beschrittene Wege gewiesen hat. Die industrielle Fertigung typisierter Großtafeln, die Eigenschaften des Baustoffs und die Entwicklung der Montagetechnik haben die Kosten und die Bauzeiten für Großbauten auf einen Bruchteil der im konventionellen Bau üblichen Maße schwinden lassen und die Kapazitäten der Bauwirtschaft beträchtlich erweitert. In der Zeit nach dem letzten Weltkrieg wurden verstärkt Versuche unternommen, diese Vorteile der Großtafelbauweise in Beton auch im Wohnungsbau auszuschöpfen.

Gerade die Übertragung der in Beton ausgeführten Großtafelbauweise auf den Wohnungsbau wird jedoch heute weithin als problematisch angesehen.

Die Problematik, die darin gesehen wird, bezieht sich zum einen auf die serielle Fertigung der Tafeln zum anderen auf den verwendeten Baustoff.

- Die mit der Fertigung von Großserien gegebene Standardisierung der Tafelformate ermöglicht zwar eine kostengünstigere Produktion der Tafeln und erhebliche Rationalisierungen im Bereich der Montage, sie ist jedoch auch damit verbunden, daß die Gebäudebemessung durch die Tafelmaße festgelegt ist und die Gestaltungsmöglichkeiten dadurch beträchtlich eingeschränkt sind.

- Gegen die Verwendung von Beton als Grundbaustoff im Wohnungsbau werden ungünstige Auswirkungen auf das Wohnklima und die Wohngesundheit geltend gemacht.

In seinen Ausführungen zur Entwicklung des Ziegelmontagebaus faßt Schellbach diesen Befund zusammen, der zugleich ein entscheidendes Argument für den Einsatz des Baustoffs Ziegel in der Montagebauweise darstellt:

"Die Auswüchse der sogenannten Plattenbauweise kamen vor allem dadurch zustande, daß durch das Fertigen der Betonelemente in Formkästen zur Steigerung der Produktivität der Zwang zur Herstellung möglichst vieler gleichartiger Elemente gegeben war, so daß sehr bald im Wohnungsbau aus Betonelementen die Monotonie sowohl bei den Wohnungen als auch bei den Bauten vorherrschte. Hinzu kam, daß der Baustoff "Beton" für Wohnzwecke sich als wenig attraktiv erwies." ([22], S. 1)

Durch die Verwendung von Ziegeln als Grundbaustoff für die Vorfertigung maßvariabler Wandtafeln wird es möglich, die Rationalisierungs- und Humanisierungseffekte der industriellen Vorfertigung und des Montagebaus mit den günstigen Materialeigenschaften des Ziegels und den für den Individualbau erforderlichen Planungsfreiheiten zu verknüpfen. Die in verschiedenen Ziegel-Montage-Systemen verwendeten kleineren Maße der gefertigten Tafeln ermöglichen durch eine Begrenzung des Transportgewichts auf 1500 kg außerdem eine Entschärfung der Transportproblematik. Damit sind auch bereits die wesentlichen Unterschiede zum *Fertighausbau in Leichtbauweise* angedeutet. Das klassische Fertighaus ist im Unterschied zu dem hier zu behandelnden Ziegelmontagebau eine typisierte, in ihrer Planung weitgehend festgelegte, kostengünstige Gesamtlösung, deren Wirtschaftlichkeit zumeist von der industriellen Serienfertigung abhängt. Die dadurch bedingten erheblichen Einschränkungen der Gestaltungsfreiheit und der verstärkte Einsatz von Chemiewerkstoffen in der Leichtbauweise werfen angesichts wachsender Qualitätsansprüche an den Wohnungsbau Akzeptanzprobleme bei potentiellen Kunden auf.

2.2 Entwicklung der Montagebauweise im Wohnungsbau

Die durch den zweiten Weltkrieg verursachten Zerstörungen haben nach 1945 in allen betroffenen Staaten, im Westen wie im Osten, einen gewaltigen Nachholbedarf im

Wohnungsbau bewirkt, der mit den konventionellen Mitteln und Methoden der Bauwirtschaft nicht zu bewältigen war. Dies gab der Industrialisierung des Wohnungsbaus einen entscheidenden Auftrieb. (Vgl. [12], S. 10).

Die Grundlagen für den Übergang von der handwerklichen zur industriellen Fertigung von Wohnbauten waren einerseits in den praktischen Erfahrungen gegeben, die mit der industriellen Fertigung von Industrie-, Brücken- und anderen Großbauten im Montageverfahren bereits vor der Jahrhundertwende gemacht waren; andererseits in dem schon nach dem ersten Weltkrieg von Architekten entwickelten Ansatz, industrielle Methoden auf den Wohnungsbau zu übertragen. Die theoretischen Grundlagen dieser Entwicklung haben insbesondere das Bauhaus in Dessau unter Walter Gropius und die dieser Schule verbundenen Architekten formuliert. So schreibt Walter Gropius bereits 1924:

"Die menschliche Behausung ist eine Angelegenheit des Massenbedarfs... Die Verbilligung der Wohnungsherstellung ist für die Ökonomie des Volksvermögens von ausschlaggebender Bedeutung... Das neue Ziel wäre die fabrikmäßige Herstellung von Wohnhäusern im Großbetrieb auf Vorrat, die nicht mehr an der Baustelle, sondern in Spezialfabriken in montagefähigen Einzelteilen erzeugt werden müssen... Die Organisation muß infolgedessen darauf abzielen, daß in erster Linie nicht die ganzen Häuser, sondern die Bauteile typisiert und industriell vervielfältigt, sodann aber zu verschiedenen Haustypen zusammenmontiert werden können..." [7].

Diese Architekten haben das industrielle Bauen nicht nur theoretisch grundgelegt, sondern zum ästhetischen Standpunkt entwickelt:

"Auch vom künstlerischen Standpunkt muß das neue Bauverfahren bejaht werden... Die Normierung der Teile setzt jedenfalls der individuellen Gestaltung, die wir alle wünschen, keine Grenzen, und die Wiederkehr der Einzelteile und der gleichen Materialien in den verschiedenen Baukörpern wird ordnend und beruhigend auf uns wirken." [7].

Durch ihre exemplarisch verwirklichten Entwürfe haben die Architekten des Bauhaus die Industrialisierung des Wohnungsbaus richtungsweisend eingeleitet.

Nach 1945 standen freilich zunächst wirtschaftliche Überlegungen im Vordergrund. (Vgl. [31], S. 46ff.) Die Montage vorgefertigter großflächiger Elemente aus Beton wurde als Methode erkannt, kostengünstig und in kurzer Zeit einen riesigen Bedarf an Wohnungen zu befriedigen. Während in der Bundesrepublik Deutschland zunächst die konventionelle Steinbauweise vorherrschend blieb, die vor allem durch die Verwendung größerer Steinformate rationalisiert wurde, wurden insbesondere in Frankreich und in Skandinavien, in der Sowjetunion und in den Staaten des Ostblocks, durch langfristige staatliche Wohnungsbauprogramme gefördert, ganze Wohngebiete im industriellen Verfahren des Großtafelbaus errichtet. Dabei wurden Konzepte entwickelt, die bis heute ihre grundlegende Bedeutung behalten haben: Industrielle Vorfertigung der Bauteile, Nutzung der Möglichkeiten, die der Baustoff Beton bietet, Montagebauweise, technische Erkenntnisse über die Ausbildung der Verbindungsfugen zwischen den Elementen. Außerdem setzte sich im Laufe der 50er und 60er Jahre der bis heute gültige Grundsatz durch, im Wohnungsbau nach dem Konstruktionsprinzip des Wandtafelbaus zu verfahren und im Industriebau vornehmlich die Skelettbauweise zur Anwendung zu bringen.

Daneben wurde in den 50er und 60er Jahren in den westlichen Industriestaaten als kostengünstige Lösung im Bereich des Einfamilienhauses das Konzept des in industrieller Serienfertigung hergestellten Fertighauses, das hauptsächlich in Leichtbauweise erstellt wurde, entwickelt. Auch wenn viele der im Rahmen dieses Konzepts vollzogenen Entwicklungen im Rückblick mehr experimentellen Charakter zu haben scheinen – ein von der Firma MAN entwickeltes Stahlfertighaus wurde ebensowenig ein Markterfolg wie ein von der Firma Quelle angebotenes Fertighaus in Skelettbauweise bestehend aus einer Tragekonstruktion aus Stahl und aufgesetzten Wandtafeln aus Holz –, so haben diese Versuche für den modernen Montagebau wichtige Einsichten und Fortschritte erbracht: Die Bedeutung eines hohen Vorfertigungsgrades wurde erkannt und verfahrenstechnisch umgesetzt; neue Baustoffe wurden für die Leichtbauweise entwickelt; Experimente mit verschiedenen Baustoffen wie Stahl, Aluminium, Holz, Kunststoffen etc. führten zu wichtigen Erkenntnissen über die Eignung der verschiedenen Baustoffe für den Montagebau.

In den Staaten des "Realen Sozialismus" nahm der Montagebau im Wohnungsbau, ausgeführt in Stahlbeton und Großtafelbauweise, ab 1950 einen enormen Aufschwung. Die folgende Tabelle belegt diese Entwicklung für die ehemalige DDR.

Tabelle 2.1: Entwicklung des Montagebaus in der DDR (Wohnungsbau) (entnommen aus: [6], S. 9).

Jahr	Neubauten	Davon in der Montagebauweise errichtet	Durchschnittliche Bauzeit der Montagebauten in Monaten
1958	49 561	5 725	–
1959	67 314	15 132	–
1960	71 857	23 098	–
1961	85 580	41 074	–
1962	80 139	49 441	–
1963	69 321	50 185	15,1
1964	69 345	56 882	14,4
1965	58 303	52 694	11,6
1966	53 366	49 597	11,5
1967	59 107	54 427	12,3
1968	61 863	55 267	10,3
1969	56 547	51 029	9,8
1970	65 786	59 187	10,6
1971	65 021	57 269	10,4
1972	69 552	60 260	8,9
1973	80 725	68 045	9,3
1974	88 312	70 291	9,0
1975	95 976	76 897	9,0
1976	103 091	85 184	9,0
1977	106 826	89 284	–

Weiterentwicklungen richteten sich bis in die letzten Jahre des "Realen Sozialismus" vor allem auf die Vervollkommnung der Großtafelbauweise, auf die "Anwendung oberflächenfertiger, großflächiger Elemente aus Beton und anderen Werkstoffen in Kombination mit zellenförmigen Bauteilen" [6] und auf die Integration von möglichst vielen Ausbauarbeitsschritten in die Vorfertigung. Das Bemühen der Architekten, durch "vielfältige Gestaltungselemente, wie farbige Werkstoffstrukturen, bestimmte rhythmische Anordnung der Baukörper, Flächen und Fugen u.a.m ...", einer Monotonie der Gebäude und Straßenzüge entgegenzuwirken" [6], belegt allerdings eher das Problem, das durch die Fixierung auf die Großtafelbauweise im Wohnungsbau in steigendem Maße anschaulich wurde, als dessen Lösung.

Aus denselben Gründen – den geringen Gestaltungsfreiheiten und der daraus resultierenden "Unwirtlichkeit unserer Städte" [19] – wurde im Westen die Tafelmontagebauweise für den Wohnungsbau in andere Richtungen weiterentwickelt. In Frankreich, wo seit Mitte der 50er Jahre in großer Anzahl Wohnbauten in Großtafelbauweise erstellt wurden und daher bedeutende Beiträge zur Entwicklung des Know-how dieser Bauweise entstanden – hier wurden die ersten kippbaren Fertigungstische für die Großtafelproduktion, Transportsysteme für die zu befördernden Tonnenlasten und Montagekräne entwickelt und eingesetzt –, wurden u.a. auch die Pionierleistungen für den Ziegelmontagebau erbracht: Die französische Firma Costamagna setzte erstmals Hochlochziegel als tragenden Querschnitt von Montagewandtafeln ein und wendete dieses Verfahren mit Erfolg im vielgeschossigen Wohnungsbau an. (Vgl. [8], S. 37). In den südlichen Ländern Europas (Italien, Spanien etc.) hat sich insbesondere der Einsatz von Ziegelfertigdecken weiter verbreitet.

In der Bundesrepublik, wo sich nach dem Krieg das Bemühen um rationellere Fertigungsmethoden im Wohnungsbau vornehmlich auf die Effektivierung der traditionellen Steinbauweise und auf Fortschritte in der Leichtbauweise richteten und wo die Großtafelbauweise im Wohnungsbau daher nicht die Bedeutung gewann wie in anderen vergleichbaren europäischen Ländern, nahm die relativ spät, erst in den 60er Jahren vollzogene Hinwendung zur Großtafelbauweise ihren Ausgangspunkt in der Übernahme von Lizenzen an den im Ausland entwickelten Verfahren, die dann modifiziert wurden. So wurden beispielsweise in Deutschland in der zweiten Hälfte der 60er Jahre fahrbare Fertigungspaletten konzipiert, die im Umlaufverfahren den Trocknungsvorgang der Wandtafeln im Heiztunnel durchlaufen.

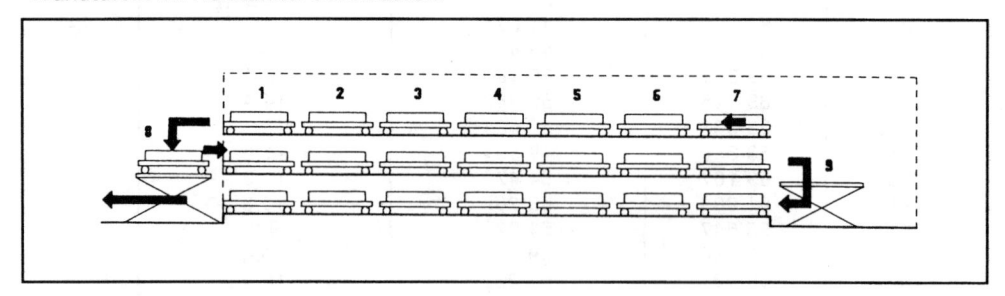

Bild 2.3: Paletten-Umlaufverfahren (entnommen aus: [25], S. 437)

Auch im Ziegelmontagebau nahm die Entwicklung in Deutschland ihren Ausgangspunkt in der Anwendung im Ausland bereits erfolgreich umgesetzter Verfahren. 1962 nehmen die Firmen Glückauf-Bau und H. Diekmann die Lizenz für das Montagesystem Costamagna, das 1964 in Hannover-Marienwerder bei der Errichtung der dreigeschossigen Gebäude einer Wohnsiedlung erstmals in der Bundesrepublik Deutschland zur Anwendung gelangte. (Vgl. [8]).

Als grundlegend für die eigenständige Fortentwicklung des Ziegelmontagebaus in der Bundesrepublik Deutschland (vgl.[22]) ist die Entwicklung neuartiger Deckenziegel für vollvermörtelbare und teilvermörtelbare Stoßfugen anzusehen, die 1962 (Ausgabe Februar) in DIN 4159 normiert werden. Diese Ziegel gelangen zunächst in der Vorfertigung von Stahlstein-Deckenplatten, die zur vollen Lastaufnahme herangezogen werden, zum Einsatz und werden in der Folge in abgewandelter Form auch in der Vorfertigung von Wandtafeln (Vergußtafeln) verwendet. 1965 werden für dieses Verfahren die ersten "Richtlinien für Bauten aus Ziegelfertigteilen" formuliert, die 1978 (Ausgabe September) in die DIN 1053, Teil 4 "Mauerwerk, Bauten aus Ziegelfertigbauteilen" überführt werden.

Maßgeblich beteiligt an diesen Entwicklungen sind

- das Institut für Ziegelforschung Essen e.v., das an der Entwicklung und Normierung neuer Verfahren mitwirkt;
- die Forschungsgemeinschaft Montagebau mit Ziegel, zu der sich 1966 die meisten auf diesem Gebiet tätigen Firmen zusammenschließen;
- der Güteschutz Ziegelmontagebau e.v., der 1974 aus dieser Forschungsgemeinschaft hervorgeht und mit den Zielsetzungen gegründet wird, bewährte Qualitätsstandards zu kontrollieren, Verfahrensentwicklungen voranzutreiben und wachsenden Anforderungen anzupassen;
- die Interessengemeinschaft Montagebau mit Ziegelelementen (IMZ), die auf Initiative von Franz Schmid vom Ziegelwerk Schmid in Marktoberdorf gegründet wurde, und der bald darauf auch die Firma Ziegelmontagebau Winklmann GmnH & Co. KG beigetreten ist.
- die Invormbau GmbH & Co. Union KG., die im norddeutschen Raum tätig ist.

2.3 Grundzüge der Ziegelmontagebauweise

Bei allen Unterschieden, die die verschiedenen Montagesysteme aufweisen und die in den verschiedenen Entwicklungsstufen dieser Bautechnik zur Geltung kommen, lassen sich folgende allgemeine Grundzüge der Ziegelmontagebauweise festhalten. (Vgl. zu den folgenden Ausführungen: [24], S. 162–166; [8], S. 53–56; [25], S. 143–153; [23] und [33], S. 165–212).

1. Die Wand- und Deckentafeln werden in liegenden Stahl- oder Holzformen gefertigt. In diese wird, je nach Oberfläche der zu erstellenden Scheibe, eine Schicht Putz aufgebracht bzw. eine Verblendung, die mit einem Mörtelbett versehen wird. Auf diese Putzschicht bzw. auf das Mörtelbett, das die Verbindung zur Verblendschale herstellt, werden manuell oder maschinell speziell geformte, vorgenäßte Hochlochziegel nebeneinander gesetzt. In Fugen wird die Bewehrung eingelegt. Anschließend werden Fugen und Bewehrung mit Beton oder mit Mörtel vergossen. Nach dem Aushärten der Tafeln in beheizten Trockenkammern wird die zweite Tafeloberfläche erstellt.

2. Hergestellt werden in diesem Verfahren tragende Außen- und Innenwandtafeln unter Verwendung des Ziegels als statisch vollwirksamen Baustoff (Verbundtafeln), Wandtafeln unter Verwendung des Ziegels als statisch teilwirksamen Baustoff (Hochloch- und Rippentafeln), Deckenelemente und nichttragende Vorsatzschalen aus Ziegeln, die als wärmedämmende Verblendung vor einer tragenden Betonwand zum stehen kommen. Die im folgenden gegebenen Beispiele verschiedener Montagesysteme erheben nicht den Anspruch auf Vollständigkeit. Sie sollen einen Überblick geben über die Grundformen und -möglichkeiten des Tafelaufbaus, die im Ziegelmontagebau zur Anwendung gelangen.

Außenwandtafeln werden im System Costamagna aus Hochlochziegeln mit allseitiger hervorstehender Profilierung, die die Betonhaftung gewährleistet, aufgebaut. Dabei unterscheidet Costamagna zwei verschiedene Typen des Wandaufbaus.

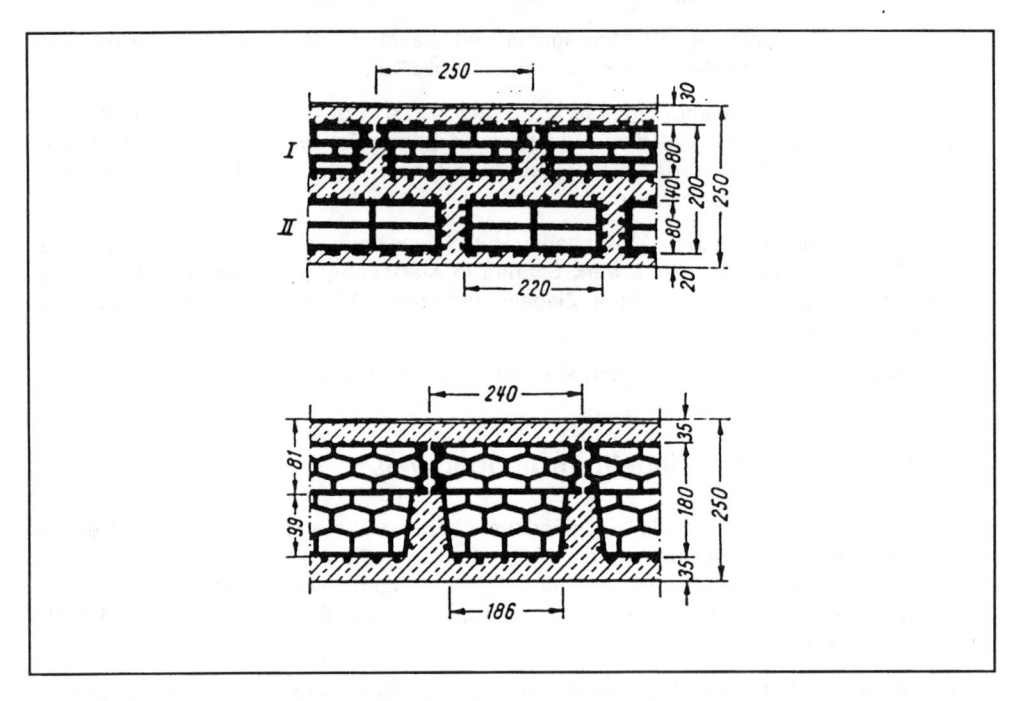

Bild 2.4 und 2.5: System Costamagna. Wandaufbau mit doppelter Ziegel-reihe, Typ "2L", und Wandaufbau mit T-Ziegel, Typ "T" (entnommen aus: [8], S. 38)

Der Typ "2L" zeichnet sich durch einen Wandquerschnitt aus, der zwei durch eine Mittelschicht aus Beton verbundene Ziegelreihen aufweist. Die Ziegel werden dabei sowohl in der Horizontalen als auch in der Vertikalen mit versetzten Fugen gesetzt. Der Typ "T" ist aus einer Schicht T-förmiger, ebenfalls allseitig profilierter Spezialziegel aufgebaut. Die Außenhaut der Wand besteht aus der äußeren Betonschicht und deren Verkleidung, die in verschiedenen Materialien ausgeführt sein kann. Da das Verfahren von Costamagna auch in der Bundesrepublik eingesetzt wurde, wurde es auch in DIN 1053, Teil 4 geregelt.

Andere Montagesysteme, wie beispielsweise das von der Firma Ziegelmontagebau Winklmann übernommene System IMZ, verwenden zum Aufbau der Wandtafeln Deckenziegel nach DIN 4159, die einschichtig angeordnet sind (nach DIN 1053, Teil 4). Horizontale in die Fugen eingebrachte Bewehrungsstäbe übernehmen dabei die Wirkung des Verbandes. Je nach den Belastungsansprüchen an die zu erstellende Wand wird der Ziegelverband mit vollvermörtelten bzw. teilvermörtelten Stoßfugen ausgebildet (Bilder 2.6 und 2.7).

Bei den Wänden mit vollvermörtelten Stoßfugen spricht man von Hochlochtafeln. In ihnen ist der gesamte Wandquerschnitt statisch wirksam. Wände mit teilvermörtelten Stoßfugen werden Rippentafeln genannt, da in ihnen die Betonrippen mit den anliegenden Ziegelstegen den statisch wirksamen Kern bilden. Da die Rippen und Stoßfugen mit Beton vergossen werden, werden Wände, die in diesem Verfahren hergestellt werden, auch als Vergußtafeln bezeichnet. Als Außenwände werden Hochloch- und Rippentafeln mit einer Blendschale oder mit Putz versehen.

Da *Innenwände* weder eine Schutzhaut gegen die Witterung benötigen noch eine wärmedämmende Ausstattung, werden sie aus einer einfachen Schicht Ziegeln aufgebaut und sind beidseitig mit einer Putzoberfläche versehen.

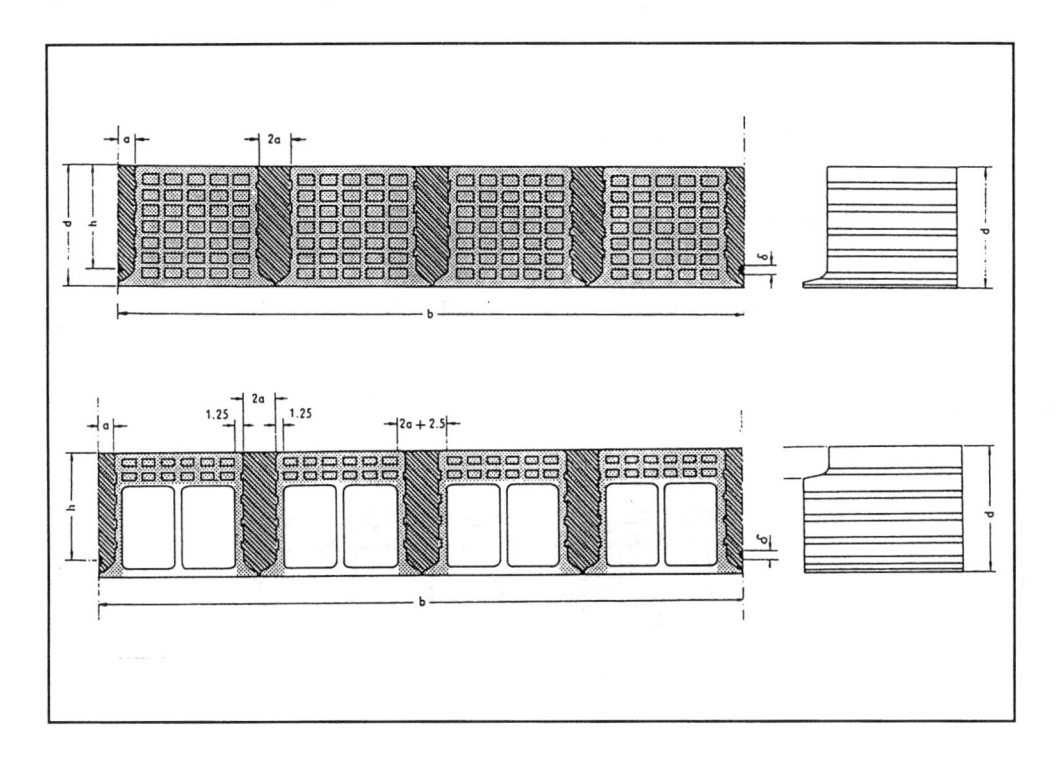

Bild 2.6 und 2.7: Nutzbarer Druckquerschnitt bei Wänden mit Ziegeln für vollvermörtelbare Stoßfugen (Hochlochtafeln) und bei Wänden mit Ziegeln für teilvermörtelbare Stoßfugen (Rippentafeln). (entnommen aus: [33], S. 209)

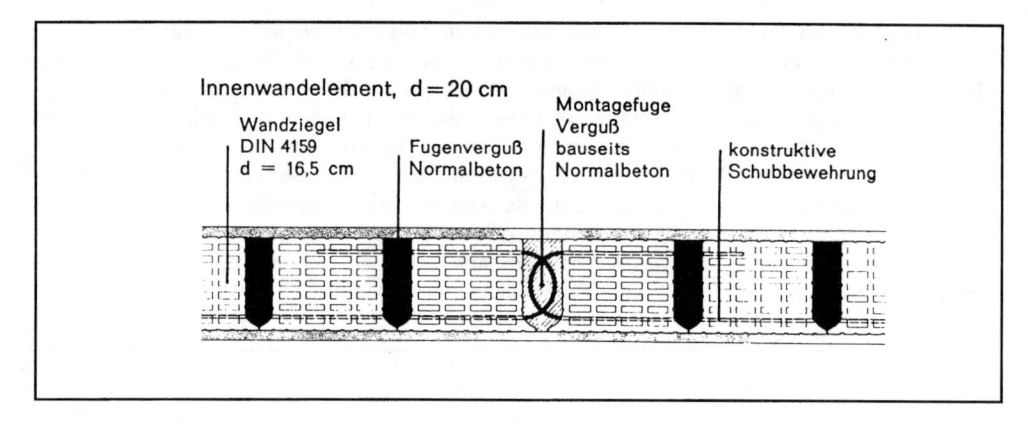

Bild 2.8: System IMZ. Innenwandaufbau (entnommen aus: [9a], S. 6)

Ebenfalls im Ziegelelementverfahren werden *Deckentafeln* hergestellt. Diese werden entweder wie bei der von der Firma Costamagna entwickelten Finidal-Decke als raumgroße Tafeln gefertigt, die aus allseitig in Beton eingebetteten Ziegelhohlblöcken bestehen und mit einer vorgespannten oder schlaffen Bewehrung zum Auffangen der Zugspannungen versehen ist.

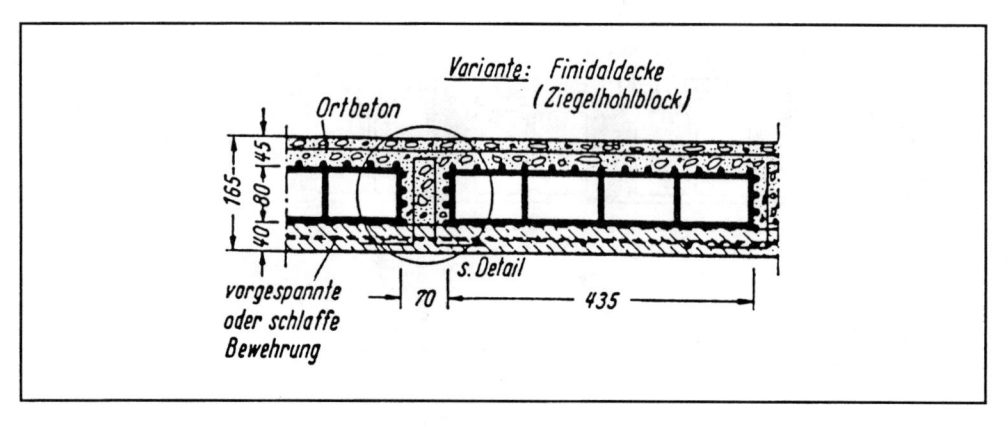

Bild 2.9: Aufbau der Finidaldecke von Costamagna
(entnommen aus: [8], S. 39)

Die Alternative zur Hohltafeldecke, die durch ihr vergleichsweise geringes Gewicht raumgroße Elemente ermöglicht, sind Kleintafeln, deren Länge durch den jeweiligen Raumgrundriß bestimmt ist, die jedoch in ihrer Breite auf Deckenabschnitte von fixem Standardmaß (1 m) reduziert sind. Ausgleichselemente ermöglichen dabei die individuelle Planung. In diesem Fall wird die Decke aus den vorgefertigten Kleintafeln auf der Baustelle zusammengefügt. Ein Beispiel für diese Deckenkonstruktion ist die JUWÖ-Decke nach DIN 4159.

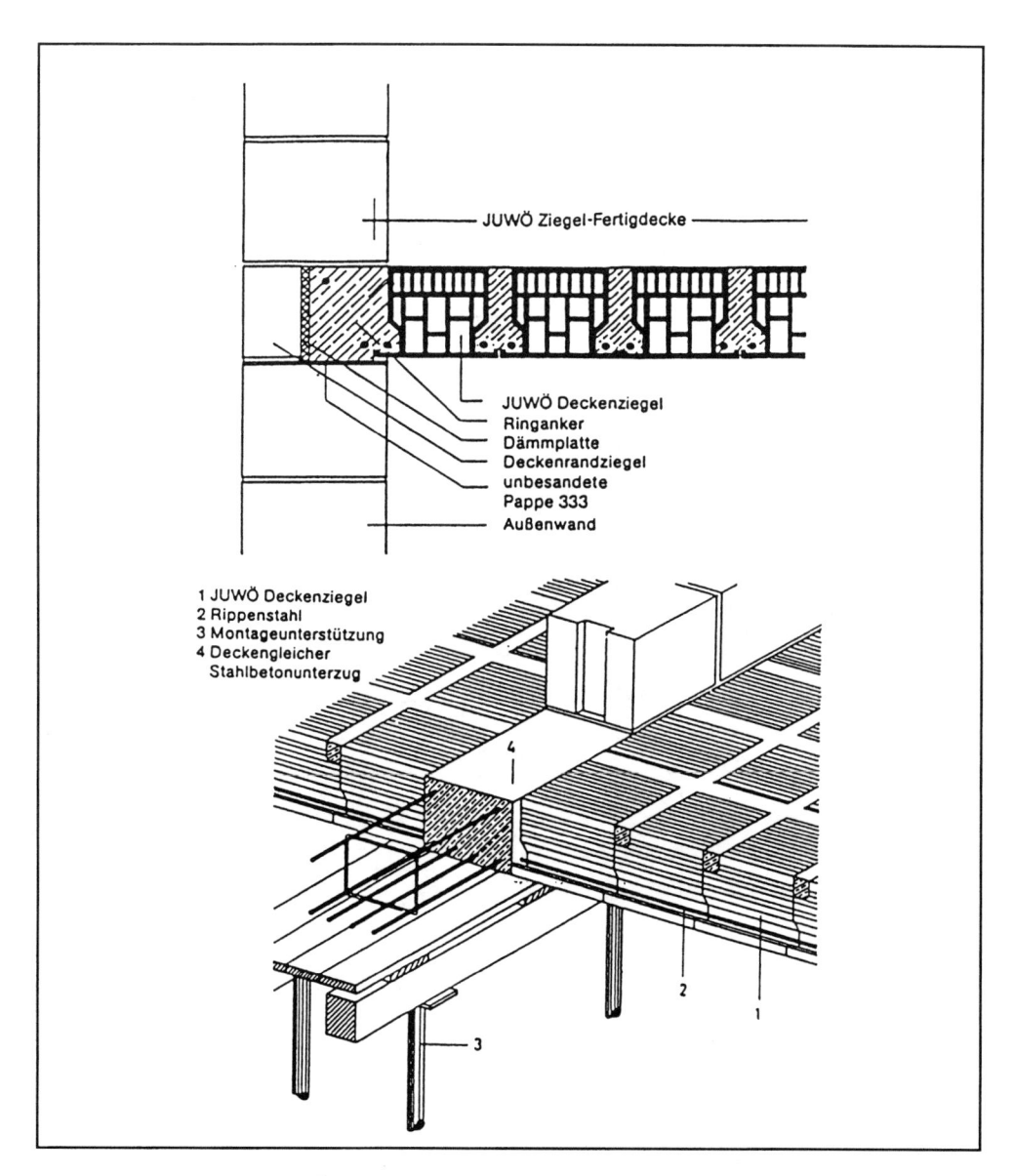

Bild 2.10 und 2.11: JUWÖ-Ziegel-Fertigdecke
 (entnommen aus: JUWÖ Ziegel-Fertigdecke.
 Technische Information des Herstellers Abb. 8.0 und 11.0)

Labels in Bild 2.10:
- JUWÖ Ziegel-Fertigdecke
- JUWÖ Deckenziegel
- Ringanker
- Dämmplatte
- Deckenrandziegel
- unbesandete Pappe 333
- Außenwand

Labels in Bild 2.11:
1 JUWÖ Deckenziegel
2 Rippenstahl
3 Montageunterstützung
4 Deckengleicher Stahlbetonunterzug

Die JUWÖ-Decke besteht aus statisch mitwirkenden Spezial-Deckenziegeln nach DIN 4159, je nach Belastung, mit voll- bzw. teilvermörtelbaren Stoßfugen und einer in den durchlaufenden Betonlängsrippen liegenden Bewehrung. Die Deckenplatten werden freitragend auf das Mauerwerk aufgelegt, und die zwischen den Elementen offenen Fugen mit Beton vergossen. Konstruktion und Berechnung werden durch DIN 1045 geregelt.
Ziegel als statisch nicht wirksamer Baustoff gelangt u.a. in den zweischalig aufgebauten Montagewänden der holländischen Firma BMB (Baksteen Montage Bouw) zum Einsatz.

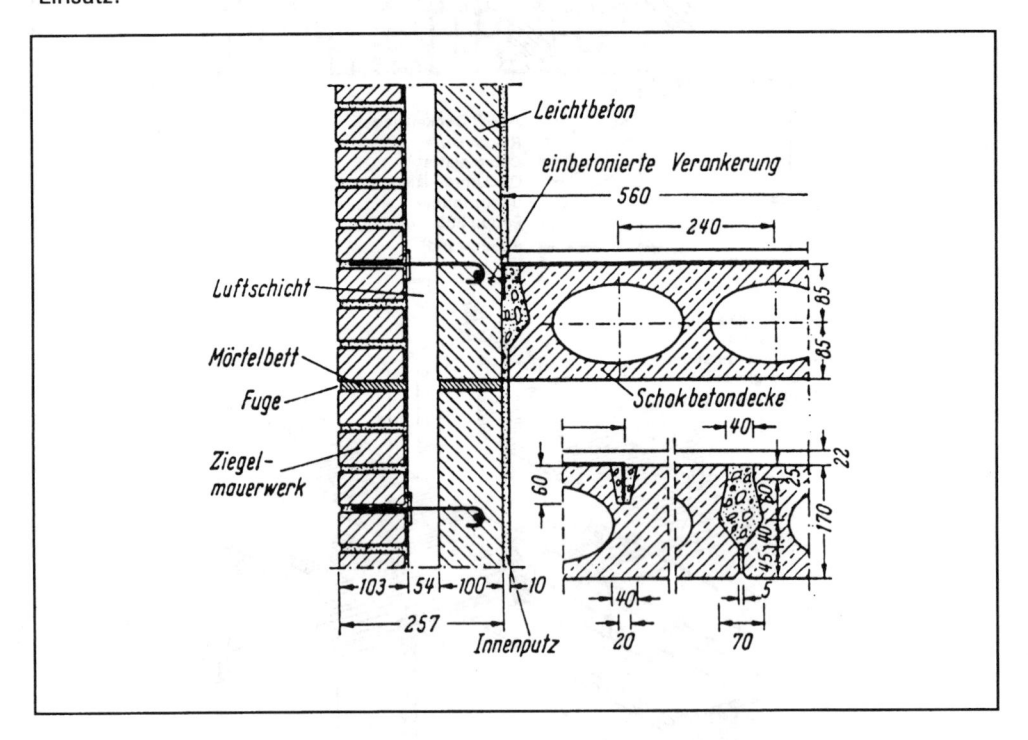

Bild 2.12: Montagesystem BMB. Außenwand und Deckenelement
(entnommen aus: [8], S. 56)

Die 1/2 Stein dicke Ziegeltafeln, die als Vorsatzschale vor einer tragenden Betonwand zum stehen kommen, dienen der Wärmedämmung und dem Witterungsschutz. In die Zementmörtelfugen eingebrachte und mitvergossene Stahl-Bügel halten den Abstand zur tragenden Leichtbetonscheibe, die mittels einer auf die Ziegeltafel aufgesetzten und nach dem Aushärten zu entfernenden Spezialschalung erstellt wird.

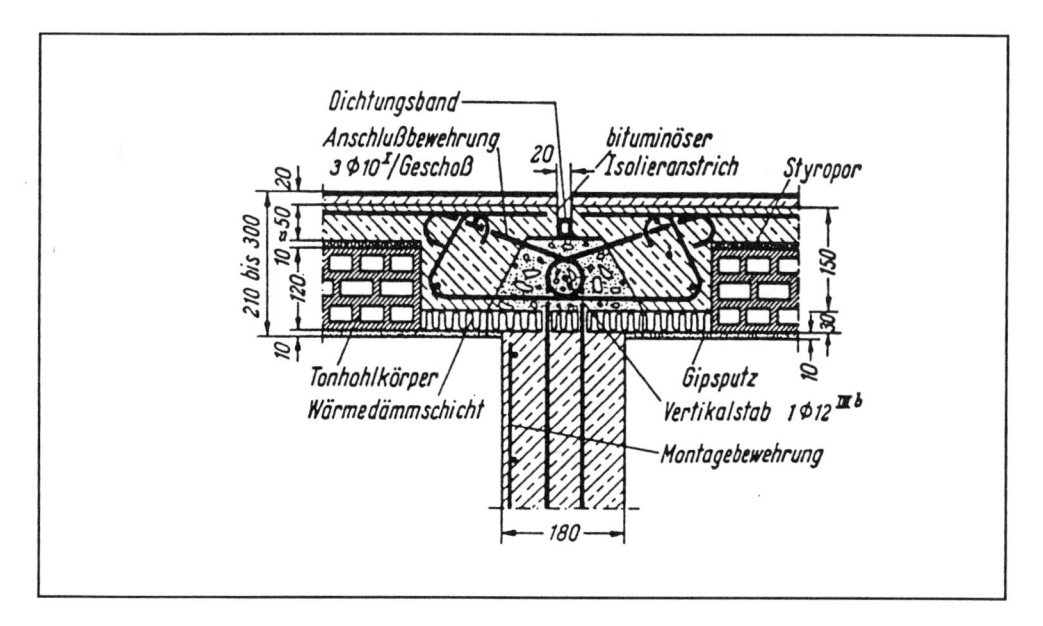

Bild 2.13: System Deutsche Barets Bautechnik. Vertikale Außenwandfuge (entnommen aus: [8], S. 33)

Den umgekehrten Weg, Ziegel als nichttragenden Wärmedämmstoff in der Vorfertigung von Wandtafeln einzusetzen, ist die französische Firma Barets (Bild 2.13) gegangen, deren Verfahren auch durch deutsche Lizenznehmer zur Ausführung gelangte. Barets verwendet den Ziegel nicht als äußere Schale, sondern integriert Ziegel-Hohlkörper in den tragenden Betonkern. In ähnlicher Weise verfährt das französische System Procoblin. (Vgl. [25], S. 149).

3. Die Bemessung der vorgefertigten Wandtafeln ist von Montagesystem zu Montagesystem verschieden. Gefertigt werden raumgroße Elemente und standardisierte Teilelemente. Die Wandtafeln werden gewöhnlich in voller Geschoßhöhe gefertigt, wobei die Aussparungen für Fenster und Türen berücksichtigt werden. Es gibt allerdings auch Systeme, wie z.B. das von Costamagna, in dem die Wände aus geschoß- und fensterbrüstungshohen Elementen montiert werden, wodurch sich Aussparungen innerhalb der Elemente erübrigen.

4. In die Montageelemente ist eine Transportbewehrung integriert.

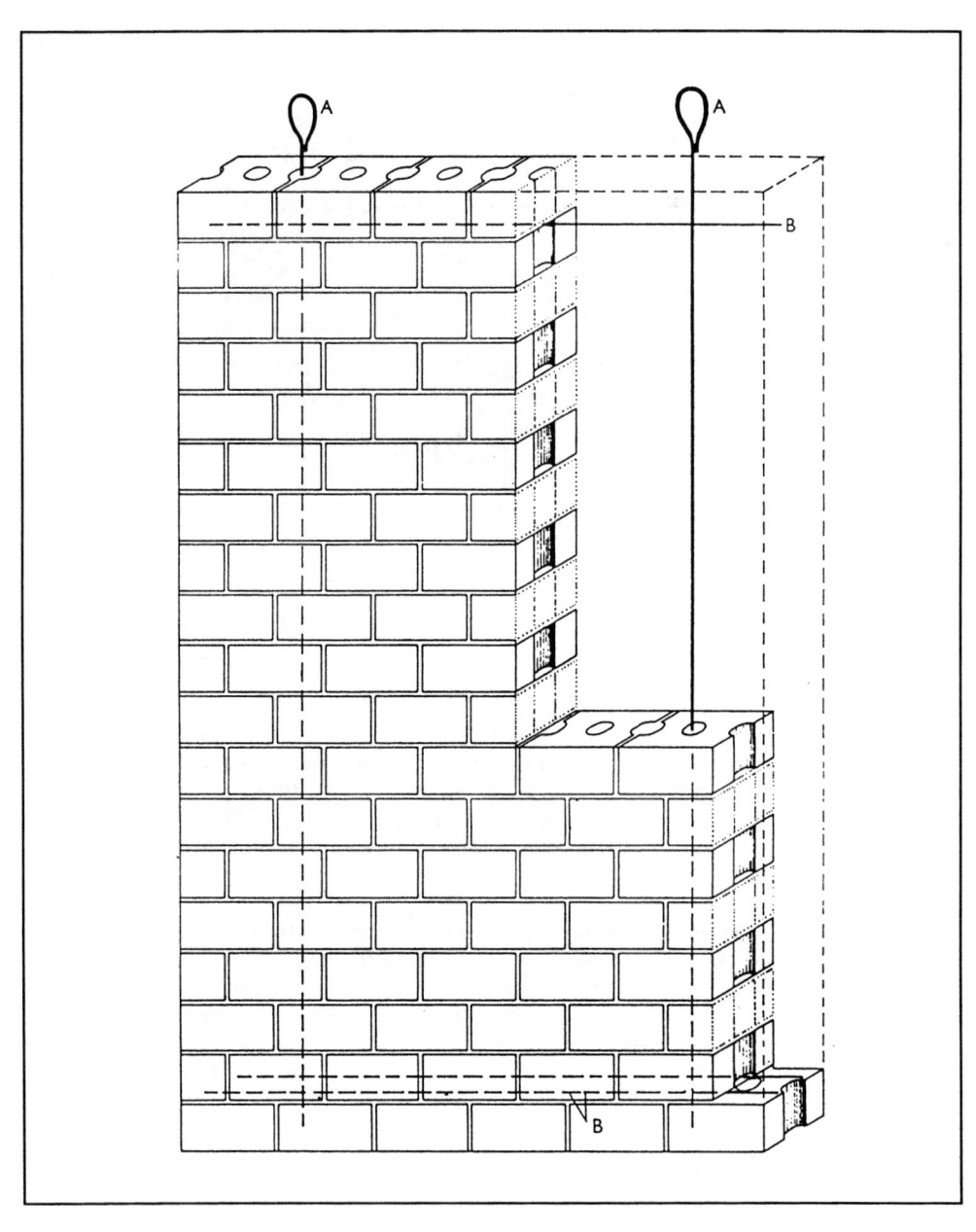

Bild 2.14: Systemskizze für Mauertafel, stehende Fertigung, einschließlich Transportbewehrung nach dem System Bott
(entnommen aus: [9], S. 12)

In die Fugen oder in Ziegelhohlräume eingebrachte, im Fugenbeton eingegossene, vertikal durchlaufende Rundstähle werden dazu an der Oberseite der Tafel zu hervorstehenden Schlaufen ausgebildet, die das sichere Anschlagen und Transportieren der Tafeln ermöglichen. Im System Bott ist die Transportbewehrung beispielsweise in durchlaufenden Lochkanälen eingebracht, die sich beim Vermauern (stehendes Fertigungsverfahren) spezieller, in DIN 105 normierten Mauertafelziegel mit Aussparungen in der Mitte und an den Stoßflächen ergeben (Vgl. [23], S. 3).

5. Die Ausbildung der Fugenverbindung zwischen den vorgefertigten Wandtafeln erfolgt durch schlaufenförmige Verflechtung der hervorstehenden Horizontalbewehrungsstäbe, die in Fugen oder speziell dafür vorgesehene Aussparungen in den Steinen ihren Platz finden und mit Ortbeton vergossen werden.

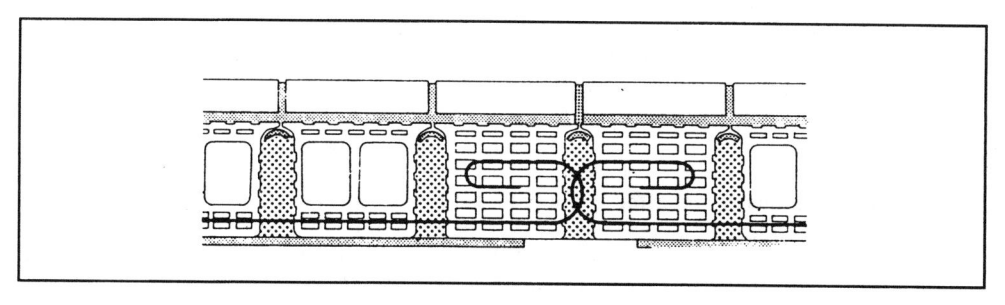

Bild 2.15: Verbindung nicht raumbreiter Außenwandtafeln, liegende Fertigung (entnommen aus: [9], S. 28)

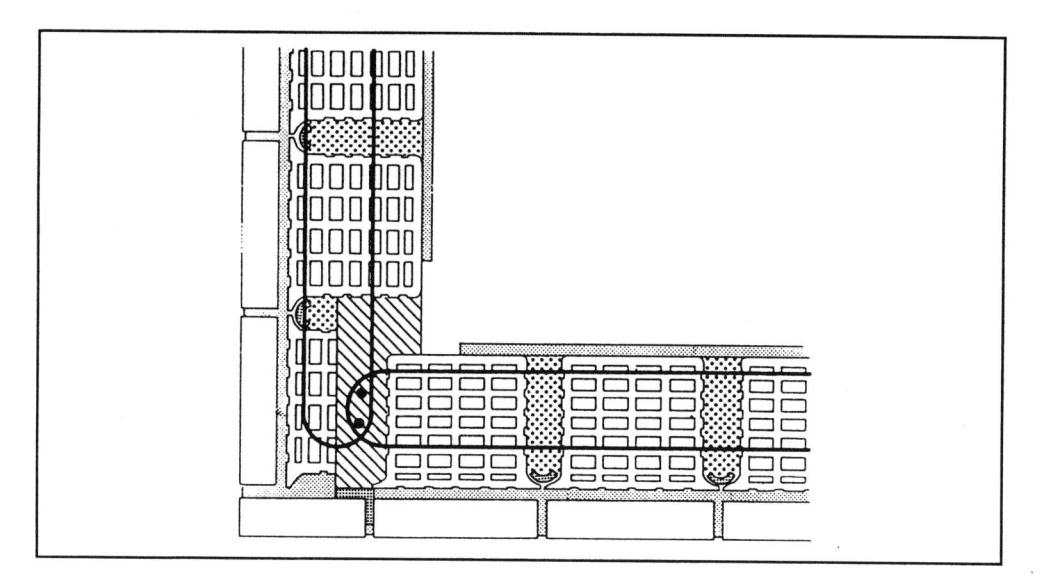

Bild 2.16: Eckverbindung zweier sich aussteifender Außenwände (entnommen aus: [33], S. 208)

2.4 Stand der Technik

Trotz der mannigfaltigen Vorzüge des Verfahrens, das die vorteilhaften Eigenschaften des Baustoffs Ziegel mit den Möglichkeiten industrieller Fertigungsmethoden und der Option auf individuelle Gebäudeplanung verbindet, hat sich die Technik des Ziegelmontagebaus im Baugewerbe zunächst nicht in größerem Umfange durchsetzen können. Die anfänglich breiteren Ansätze, die zur Entwicklung des grundlegenden Know-how und zu ersten erfolgreichen Anwendungen dieser Technik führten, sind zumeist später, vor allem auf Grund des erheblichen Investitionsaufwands im Fertigungsbereich, wieder aufgegeben oder zurückgenommen worden. Nur wenige Unternehmen haben sich auf dieses Verfahren spezialisiert und seine Methoden verbessert. In der Literatur über Bautechnik wird ihm heute, wenn überhaupt aufgeführt, der bescheidene Platz eines Unterkapitels in der Entwicklung der Montagebauweise eingeräumt, das von vergleichsweise geringer Bedeutung ist.

Da die ersten Versuche, die Ziegelmontagebauweise als einsatzfähige Fertigungsalternative zu etablieren, vor allem darauf gerichtet und darauf beschränkt waren, die Fertigung des Mauerwerks in die Fabrik zu verlagern und dort zu rationalisieren, ohne die Möglichkeiten der Integration von Folgearbeitsgängen in den industriellen Fertigungsprozeß zu untersuchen und nutzbar zu machen, waren auch die verfahrensbedingt erzielbaren Rationalisierungseffekte nur von begrenztem Ausmaß. Die gegenüber dem konventionellen Bauen erheblich höheren Transportkosten haben in der Regel die durch die rationelleren Fertigungsmethoden möglichen Kostensenkungen überkompensiert und daduch verhindert, daß sich das Verfahren wirtschaftlich durchsetzen konnte.

Einige wenige Unternehmen, darunter in Deutschland führend die Firmen Ziegelmontagebau Winklmann und Schmid Ziegel GmbH, haben jedoch in den 70er und 80er Jahren die Technologie des Ziegelelementbaus so weit fortentwickelt, daß sie mittlerweile auch als wirtschaftliche, für große, mittlere und kleinere Bauvorhaben interessante Alternative zur herkömmlichen Bauweise angesehen werden muß. Der heutige Stand der Technik ist durch folgende Gesichtspunkte gekennzeichnet:

- Durch die Integration von Folgearbeitsgängen, die sich im konventionellen Bau, als Ausbauarbeiten an die Erstellung des Rohbaus anschließen, wird ein für die Massivbauweise ungewöhnlich hoher Vorfertigungsgrad der Wandtafeln erreicht, der sich durchaus messen kann mit dem im Leicht-Fertighausbau üblichen Integrationsgrad. Durch das Verlegen von Leerrohren für die Elektroleitungen, das Einsetzen der Installationsdosen und den Einbau der Heizungs- und Sanitärrohre vor dem Fugenverguß und dem Verputzen der Wandtafeln wird der Ausbau entscheidend rationalisiert. Ebenfalls in der Fabrik werden bereits die Rolladenkästen, Fensterrahmen und Türzargen eingebaut und die Sanitärrohinstallation installiert. Dämmaßnahmen und Putzarbeiten sind weitgehend in den Prozeß der Wandtafelfertigung integriert. Nacharbeiten und Finish finden in der Fabrik statt.

- In der Deckenfertigung, die einen gegenüber den Wandscheiben vergleichsweise einfacheren Tafelaufbau zu bewältigen hat, ist ein hoher Grad der Automation erreicht. Der Entwicklung von CAD/CAM-Programmen und ihr erfolgreicher Einsatz in der Planung und rechnergestützten Maschinensteuerung sind mit erheblichen Rationalisierungseffekten verbunden. Estrich- und Deckenputzarbeiten werden bislang in konventioneller Weise ausgeführt.

- Die Fortschritte der Montagetechnik und der hohe Integrationsgrad der vorgefertigten Montageelemente, die in getrocknetem Zustand auf die Baustelle geliefert werden, erlauben eine beträchtliche Verkürzung der Bauzeit. Die Firma Ziegelmontagebau Winklmann erstellt beispielsweise den erweiterten Rohbau, d.h. den Rohbau incl. Innenputz, eines Einfamilienhauses einschließlich Keller und Dachstuhl in ca. fünf Tagen. Für den schlüsselfertigen Ausbau, der durch die Integrationsleistungen entlastet ist und sich durch die trockene Bauweise unmittelbar an die Rohbauarbeiten anschließen kann, werden weitere 45 Arbeitstage benötigt.

Mit der Bodenplatte fängt es an

1. Tag: Die Montage des Kellers

2. Tag: Das komplette Erdgeschoß wird erstellt

3. Tag: Das Dachgeschoß entsteht

4. Tag: Der Dachstuhl wird errichtet

5. Tag: Der Rohbau ist fertig

Bild 2.17: Einfamilienhaus. Rohbauerstellung. System Winklmann
(entnommen aus: Fa. Ziegelmontagebau Winklmann. RÖTZER-ZIEGEL-ELEMENT-HAUS. Baubeschreibung Nr.: R 1/92 Stand 1992)

- Die Bindung der Planung an Standardmaße der vorgefertigten Wandtafeln und die damit gegebenen Einschränkungen der individuellen Gestaltungsfreiheit sind weitgehend aufgehoben. Es werden heute Systeme eingesetzt, die keine Standard-Tafelmaße vorgeben, sondern auf den Grundmaßen der verwendeten Ziegelkörper beruhen und eine feingliedrigere Rasterung ermöglichen. Dieses System wurde federführend von der Firma Ziegelmontagebau Winklmann entwickelt. (Vgl. dazu Gliederungspunkt 3.3 der vorliegenden Abhandlung).

Beim erreichten Stand der Technik, deren Know-how heute weitgehend entwickelt ist, steht das Verfahren des Ziegelmontagebaus als innovative Fertigungsalternative im Baugewerbe zur Verfügung, die auf bewährte marktfähige Produkte, die Arbeitsproduktivität steigernde Rationalisierungs-methoden und wirtschaftliche Rentabilität verweisen kann. Insbesondere durch die in der Fabrik-Vorfertigung begründeten Möglichkeit einer kontinuierlichen, vom Wechsel der Jahreszeiten unabhängigen Produktion leistet dieses Verfahren einen wesentlichen Beitrag zur Angleichung der Produktionsbedingungen an den gesamtwirtschaftlichen Durchschnitt. Damit bietet sich die Ziegelmontagebauweise als Lösungsmöglichkeit für die Probleme einer überdurchschnittlich arbeitsintensiven Branche an, die sich gleichzeitig durch unterdurchschnittliche Raten der Produktivitätssteigerung auszeichnet.

2.5 Abbau von Belastungsfaktoren und Gefährdungspotentialen im Ziegelmontagebau

Im folgenden soll dargestellt werden, welche belastungsabbauenden Momente auf dem heutigen Stand der Technik durch das Verfahren des Ziegelmontagebaus realisiert werden können.

1. Das Prinzip des Montagebaus, die Trennung von industrieller Vorfertigung und Montage und die darin angelegte Verlagerung von Baustellenarbeit in die Fabrik, ist als solches ein entscheidender Schritt zur menschengerechteren Gestaltung von Arbeits-plätzen. Folgende Aspekte sind dabei von besonderem Gewicht:

- Baustellenarbeit ist in starkem Maße witterungsabhängig. Die Arbeit findet im Freien statt oder in offenen, nur mangelhaft, meist aber nicht beheizten unfertigen Gebäuden. Die Arbeiter sind daher feuchter und kalter Witterung, Wind und Zugluft ausgesetzt. Die Verlagerung der Vorfertigung in die Fabrik ermöglicht es, die durch Witterungseinflüsse belastende Baustellenarbeit erheblich zu reduzieren und Arbeitsplätze in überdachten, geschlossenen und zu beheizenden Hallen anzubieten.

- Der jahreszeitliche Wechsel belastet die Baustellenarbeit nicht nur im eben genannten Zusammenhang gesundheitsschädlicher äußerer Arbeitsumstände. Er unterbricht im konventionellen Bau die Kontinuität des Fertigungsprozesses und bedingt so Perioden der Kurz- und der Überarbeit. Durch die fabrikmäßige Fertigung des Mauerwerks und die dadurch möglich werdende Verstetigung des Produktionsprozesses nimmt auch der Arbeitsprozeß für den Arbeiter die Form zeitlich geregelter, für ihn einteilbarer und von wechselnden zusätzlichen Belastungen befreiter Verhältnisse an.

- Baustellenarbeit bedeutet wechselnde Arbeitsplätze mit oftmals langen Anfahrtswegen. Sie verlangt von den Beschäftigten ein hohes Maß an Mobilität, verlängert den Arbeitstag mit der Entfernung zwischen Wohnort und Baustelle und macht häufig Übernachtungen in auswärtigen Unterkünften notwendig. Erhebliche Trennungszeiten von der Familie und einschneidende Einschränkungen, die eigene Freizeit zu gestalten, sind davon die Folge. Die Arbeitsplätze in der Fabrik eliminieren diese Belastungen.
- Die auf Baustellen gegebenen Unfallrisiken (stolpern, stürzen, vom Gerüst fallen u.a.m.) können durch sicherheitstechnische und -organisatorische Planung und Einrichtung der Arbeitsverhältnisse in der Fabrik besser kontrolliert und damit vermindert werden.

2. Durch die Steigerung des Integrationsgrades der vorgefertigten Bauteile gelingt es, den notwendigen Anteil der Baustellenarbeit an der im Baugewerbe geleisteten Gesamtarbeit weiter zu reduzieren. Die Reduktion der Baustellenarbeit und der durch sie bedingten Belastungen bezieht sich dabei nicht nur auf die Errichtung des Mauerwerks, sondern durch die Integration von Folgearbeitsgängen in den Vorfertigungsprozeß auch auf einen erheblichen Anteil der Ausbauleistungen.

3. Technische und organisatorische Methoden der Vorfertigung ermöglichen schon heute die Substitution oder Reduzierung von in besonderer Weise belastenden Arbeiten.

- Durch die Vorinstallation der Elektro- und Sanitärleitungsrohre entfallen die im herkömmlichen Bauhandwerk notwendigen Stemm- und Meißelarbeiten und damit die mit dieser Tätigkeit verbundenen besonderen körperlichen Belastungen.
- Technische Hilfen wie Kräne, Steinsetzgeräte und Palettentransportsysteme mindern die körperlichen Belastungen durch das Heben und Tragen schwerer Lasten und leisten somit einen Abbau von gesundheitsschädlichen Tätigkeiten, die sich bislang in einer überdurchschnittlichen Rate an berufsbedingten Rückenbeschwerden und Wirbelsäulenerkrankungen niederschlagen.
- Belastungen durch Staub und Dämpfe können durch stationäre Absaugvorrichtungen weitgehend reduziert werden.

4. Die Montagetechnologie ist soweit entwickelt, daß aus dem Umgang mit schweren Lasten entspringende Belastungen weitgehend vermieden werden können.

Mit den verfahrenstechnischen und organisatorischen Möglichkeiten eines weiteren Abbaus von Belastungen beschäftigen sich die folgenden Kapitel. Sie stellen den durch die Firma Ziegelmontagebau Winklmann erreichten, durch das Forschungsvorhaben des Unternehmens fortentwickelten und in der Fertigungs- und Montagestruktur RÖTZER-ZIEGEL-ELEMENT-HAUS-Baus realisierten Entwicklungsstand der Ziegelmontagebauweise vor. Die Darstellung hält sich weitgehend an die Vorgehensweise innerhalb des Forschungsvorhabens, um die Entwicklung der Forschungsergebnisse sichtbar zu machen. Zur Vermeidung von Wiederholungen, die angesichts des komplexen Untersuchungsgegenstandes und seiner sich wechselseitig berührenden Aspekte ansonsten nötig geworden wären, wurde allerdings der Versuch unternommen diese Ergebnisse zu systematisieren.

3 Produktanalytische Prämissen der Verfahrensinnovation

Um bei der Verfahrensentwicklung die Interdependenzen zwischen Produktmerkmalen, Kundenpräferenzen und Herstellungsverfahren angemessen berücksichtigen und damit die Marktfähigkeit des Angebots erhöhen zu können, wurden im Rahmen einer Produktanalyse für die angebotene Leistung die präferenzbildenden Faktoren ermittelt und daraus verfahrensrelevante Zielvorgaben für die Produktgestaltung und -entwicklung abgeleitet, die durch das zu entwickelnde Verfahren zu realisieren sind.

3.1 Produktbeschreibung

Das RÖTZER-ZIEGEL-ELEMENT-HAUS wird nach individuellen Gestaltungswünschen des Kunden oder auch auf Grundlage des umfangreichen Typenprogramms konzipiert und in Massivbauweise aus vorgefertigten Ziegelelementen erstellt. Neben der üblichen Maßordnung und den gültigen Bauvorschriften müssen bei der Planung keine weiteren Vorgaben eingehalten werden. Die Wandtafeln werden aus Spezialziegeln nach DIN 4159 mit vollvermörtelbarer Stoßfuge hergestellt und mit Leichtbeton (Außenwände) bzw. mit Beton (Innenwände) vergossen. Außenwände werden ausgeführt in einer Dicke von 36 cm inkl. zusätzlicher Wärmedämmung.

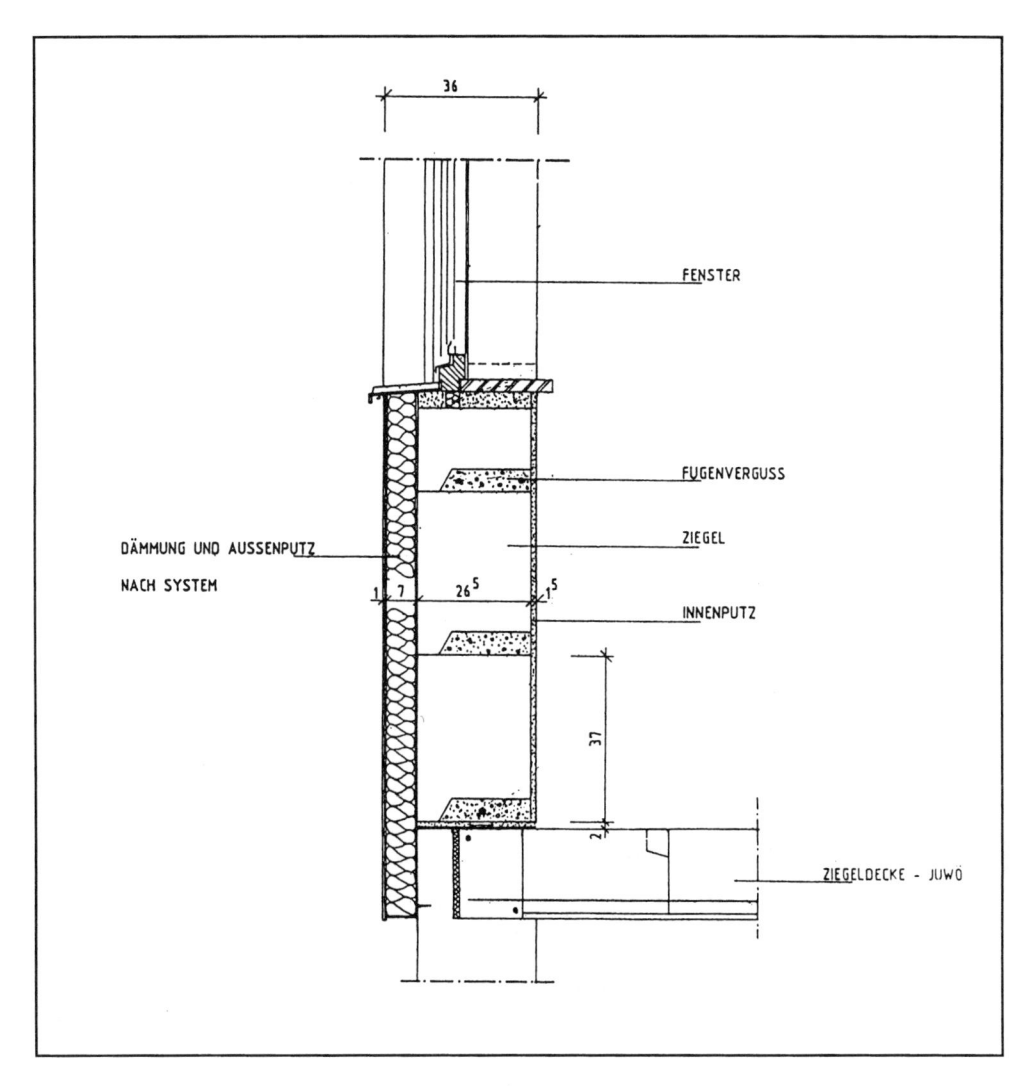

Bild 3.1: Erdgeschoß-Außenwand in Ziegel mit Fenster. System Winklmann

Die ebenfalls aus Spezialziegeln nach DIN 4159 gefertigten Innenwände werden in den Stärken 15 und 20 cm beidseitig verputzt angeboten. (Vgl. [11], S. 12 f.). Die statische Bemessung regelt DIN 1053.

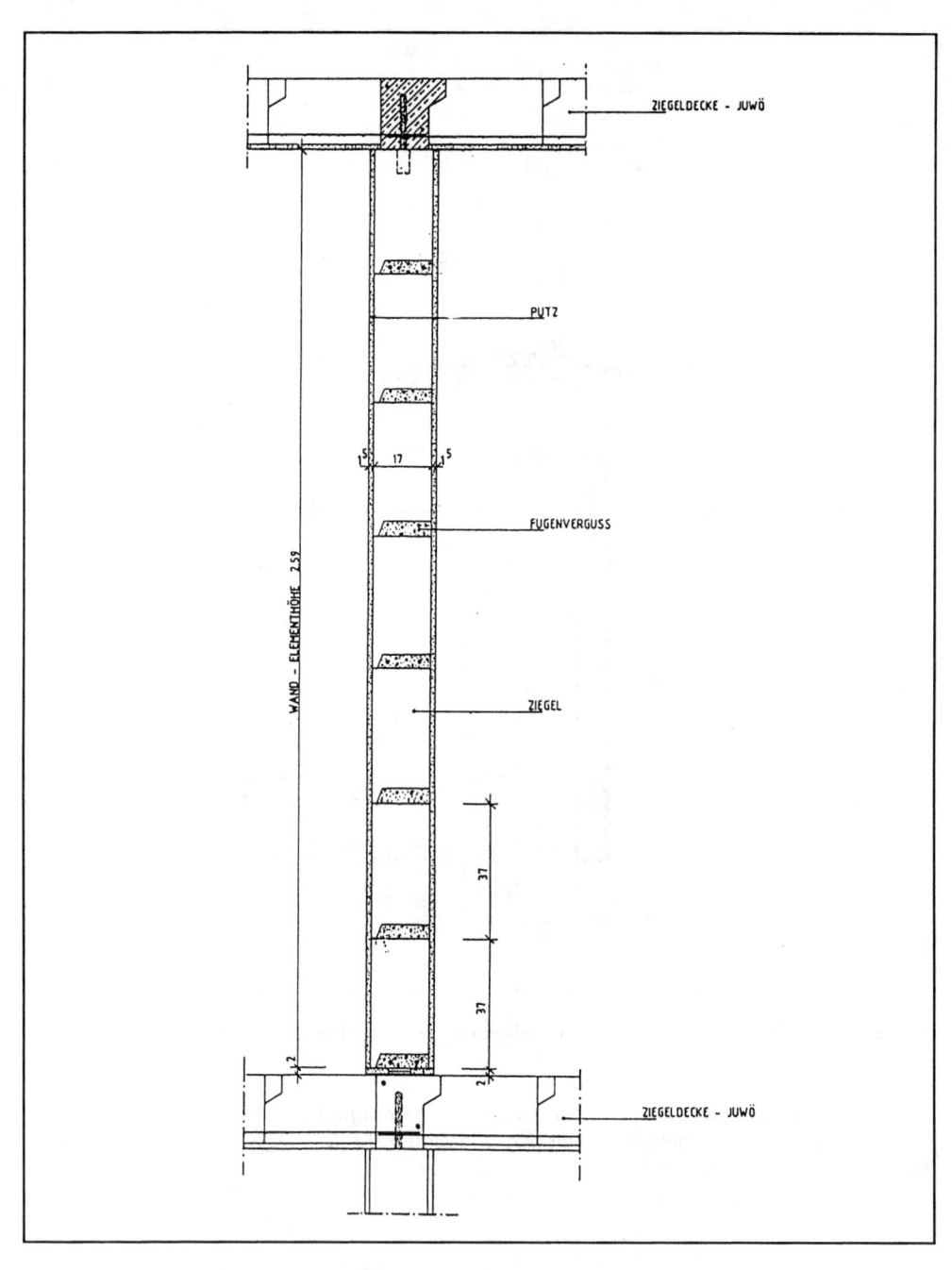

Bild 3.2: Innenwand in Wohngeschoßen in Ziegel D = 20 cm.
System Winklmann.

Die 20 cm dicken Kelleraußenwände werden in der Regel aus Beton gefertigt. Als Geschoßdecken werden bislang in Lizenz hergestellte JUWÖ Ziegel-Fertig-Decken verwendet.
Fabrikseitig integriert sind in die vorgefertigten Wandtafeln bereits
- beidseitiger Putz der Innenwände
- Fensterrahmen und Fenster
- Türzargen
- Leerrohre für Elektro, Wasser und Heizung
- Elektro-Dosen
- Abwasserrohre
- weitere Installationsgegenstände.

Der Bau wird auf einer Bodenplatte errichtet. Der Ausbau erfolgt konventionell. Alle Ausbaugewerke sind im Leistungsumfang von RÖTZER-ZIEGEL-ELEMENT-HAUS enthalten.

3.2 Kundenverhalten und Präferenzstruktur

Die Analyse der präferenzbildenden Faktoren ergab, daß die Kunden des Rötzer Unternehmens in hohem Maße qualitätsorientiert sind. Von entscheidender Bedeutung für das Kaufverhalten erwiesen sich erwartungsgemäß die Gesichtspunkte
- massive Ziegelbauweise,
- kurze Bauzeit,
- alle Leistungen aus einer Hand,
- Preissicherheit (Festpreis),
- Empfehlung durch Hausbesitzer,
- gute Beratung durch Außendienstmitarbeiter.

Um bei der angestrebten Verfahrensentwicklung dem Gesichtspunkt der kundenorientierten Angebotsgestaltung gerecht zu werden, waren einerseits nähere Erkenntnisse über die Akzeptanzgrenzen von verfahrensbedingten Produktmerkmalsänderungen zu ermitteln, andererseits Erkenntnisse über die Möglichkeiten, durch Modifikation von Produktmerkmalen die Präferenzbildung zu fördern.
Die Analyse des Käuferverhaltens zeigte, daß sich die Kunden bei der Konzipierung ihres Hauses stark von den ihnen vorgelegten Entwurfsvorschlägen inspirieren lassen und daß sie sich bei der Modifikation dieser Vorschläge nach individuellen Vorstellungen zumeist an die angebotenen Sonderlösungen halten. Sie konkretisieren ihre Gestaltungswünsche zumeist erst in Zusammenarbeit mit den fachlichen Beratern des Herstellers, die die für sie günstigsten Problemlösungen ermitteln. Bei Gewährleistung des erwünschten Gebrauchsnutzens und der erwarteten Fertigungsqualität, ist es für den Kunden in der Regel von untergeordneter Bedeutung, auf welchem technischen Wege die entsprechenden Lösungen erreicht werden. Dies gilt auch für unerhebliche Planungseinschränkungen durch eine ausreichend feingliedrige festliegende Planrasterung, die gegenüber einer 100%igen Gestaltungsflexibilität erhebliche Rationalisierungsmöglichkeiten bietet.
Für die weitere Verfahrensgestaltung war insbesondere auch die Einsicht wesentlich, daß die ungleiche Putzqualität der beiden Wandtafelseiten, die verfahrensbedingt durch das beidseitige Verputzen auf den Schalungstischen entsteht, auf geringe Bereitschaft zur Akzeptanz stößt.

3.3 Kundenorientierte Zielvorgaben und verfahrensrelevante Konsequenzen

Die Ergebnisse der Kundenverhaltensanalyse zeigen, daß die Möglichkeiten der Standardisierung – bei Aufrechterhaltung der von Seiten der Kunden erwünschten Gestaltungsflexibilität – im bisherigen Verfahren nicht ausgeschöpft sind. Damit einher geht die Einsicht, daß sich eine Optimierung des Verhältnisses von aufwandsenkenden Standardisierungen und notwendiger Flexibilität nicht nur bei dem bisherigen Kundenkreis durchsetzen läßt, sondern gleichzeitig Ansatzpunkte bietet, das Angebot durch qualitätssichernde und gleichwohl kostengünstigere Lösungen für einen weiteren Kundenkreis interessant zu machen.

Von zentraler Bedeutung war in diesem Zusammenhang die Entwicklung eines Planungsrasters, das mit einem Grundmaß von 5 cm, die Planungsfreiheiten nur unerheblich beschränkt und gleichzeitig eine wesentliche Voraussetzung für zahlreiche innovative Möglichkeiten der belastungsreduzierenden Verfahrensentwicklung darstellt. Das Rastersystem geht von einer Standard-Ziegellänge von 37 cm aus. Durch Bereitstellung von Ausgleichsziegeln in den Breiten von 5, 10, 15 und 20 cm wird eine Rastereinheit von 5 cm möglich, die als Planungsmaß für Wandbreiten und für alle in der Wandtafel zu berücksichtigenden Öffnungen verbindlich ist, der freien Gestaltung jedoch keine nennenswerten Grenzen setzt.

Die verschiedenen Auswirkungen des Rastersystems auf den Prozeß der Verfahrensinnovation und ihre belastungsreduzierenden Ergebnisse seien hier nur vorläufig und kursorisch aufgeführt:

- Das Rastersystem ermöglichte die Entwicklung von variabel einstellbaren Stahlschalungsrahmen, die die bislang verwendeten, nach individuellen Planvorgaben gezimmerten Holzschalungen ersetzen. Dadurch entfällt künftig weitgehend die mit besonderen Unfallrisiken verbundene Arbeit an der Kreissäge.

- Durch das vorgegebene Rastermaß wird es möglich, den Steinsetzvorgang durch Bestückungsgeräte zu automatisieren und damit die extremen körperlichen Belastungen durch das Heben und Bewegen von Gewichten abzubauen.

- Die Einführung eines Planungsrasters erlaubt die Fertigung standardisierter Paßziegel und reduziert damit das bislang manuell durchgeführte Sägen der Füllstücke nach individuellen Planvorgaben und die mit diesem Vorgang verbundenen Belastungen durch Lärm und Staub.

- Durch den Einsatz standardisierter Paßsteine nach Rastermaß wird es möglich, den Ziegelanteil der Wandscheiben und ihre Maßgenauigkeit zu erhöhen. Mit der damit gegebenen Verbesserung der Fertigungsqualität gehen weitere Entlastungen des Arbeitsprozesses einher. Die Verminderung des Betonanteils in der Wandtafel und die durch größere Maßhaltigkeit erreichbare Möglichkeit, die Stoßfugen zwischen den Tafeln auf Putzstärke zu reduzieren, mindert die Gefahr von Schwundrißbildungen und damit die Notwendigkeit von nachträglichen Ausbesserungsarbeiten vor Ort. Die erhöhte Maßhaltigkeit mindert bei der Montage auftretende Schwierigkeiten beim Einpassen der Wandscheiben, die bislang nur durch belastungsintensive Korrekturarbeiten unter Anwendung von mechanischen Schlagwerkzeugen gelöst werden konnten.

- Das Rastersystem stellt eine wesentliche Voraussetzung für die Entwicklung und den Einsatz von EDV-Lösungen in der Planung und der Fertigung dar. Auf Grundlage des einheitlichen Rastermaßes lassen sich praktikable Lösungen für das Problem der Dateneingabe entwickeln und damit die Voraussetzungen für ein rechnergestütztes Planungssystem und eine rationelle Anbindung automatisierter Fertigungsschritte an dieses Planungssystem schaffen. Ermöglicht werden dadurch ein Abbau von Störungen im Produktionsablauf und die Automation bislang manuell durchgeführter und mit Zwangshaltungen verbundenen Arbeitsvorgänge wie das Aufzeichnen der Konturen auf den Fertigungstischen.

- Auf Grundlage des Rastersystems definierte Planungsstandards für Ausbauelemente vereinfachen den Planungsvorgang und erleichtern die für den Einbau der standardisierten Bauelemente notwendigen Arbeitsverrichtungen.

Neben der Entwicklung des Rastersystems läßt sich als zweite entscheidende und die Verfahrensgestaltung wesentlich beeinflussende Konsequenz aus der Analyse des Kundenverhaltens die Notwendigkeit festhalten, die Putzqualität der Wandtafeln nachhaltig zu verbessern. Da die unterschiedliche Putzstruktur auf das Verfahren des beidseitigen Verputzens in der liegenden Schalung zurückzuführen ist, bei dem auf der Unterseite der liegenden Tafel die Ausbildung einer stahlschalungsglatten Oberfläche unvermeidlich ist, mußte dieses Verfahren mit erheblichen Konsequenzen für den gesamten Fertigungsablauf selbst revidiert werden.

4 Schwachstellenanalyse des bisherigen Fertigungsprozesses

Um in die Verfahrensentwicklung die Erfahrungen in der bisherigen Wandtafelfertigung eingehen lassen und vorhandene verfahrensbedingte Schwachstellen beseitigen zu können, wurde das bisherige Fertigungsverfahren einer ins Detail gehenden Situationsanalyse unterzogen. Diese hatte gesicherte Erkenntnisse über die in den einzelnen Arbeitsgängen auftretenden Belastungsfaktoren und Gefährdungsmomente zu ermitteln. Um die Ergebnisse der durchgeführten Tätigkeits-, Belastungs- und Sicherheitsanalysen zu verdeutlichen und um die innovativen Leistungen und substantiellen Fortschritte des auf Grundlage dieser Ergebnisse entwickelten Verfahrens herauszuarbeiten, wird der Darlegung der Analysenergebnisse eine detaillierte Beschreibung des in der Wandtafelvorfertigung der Fa. Ziegelmontagebau Winklmann bislang eingerichteten Produktionsablaufs vorangestellt.

4.1 Beschreibung des bisherigen Fertigungsablaufs

Die Fertigung der Wandtafeln erfolgte bislang liegend auf stationär verankerten Kipptischen. An jedem der 17 Kipptischarbeitsplätze wurden alle zur Erstellung einer Wandtafel nötigen Produktionsschritte durchgeführt. Der Fertigungsablauf gliederte sich in neun Arbeitsschritte:

1. Die Arbeitsfläche des Kipptischs wird gereinigt, Rückstände aus dem vorausliegenden Fertigungszyklus werden gesammelt und abtransportiert. Auf die gereinigte Arbeitsfläche werden nach Planvorgabe die Eckpunkte der zu erstellenden Wandtafel im Maßstab 1:1 manuell aufgezeichnet.

2. Die Schalung wird vorbereitet. Die nötigen Schalungselemente aus Holz werden nach individueller Maßangabe an der Kreissäge geschnitten, gezimmert und auf dem Schalungstisch montiert. Mittels eines Sprühgeräts wird das Schalöl aufgetragen.

3. Nachdem die E-Dosen der Wand-Unterseite nach Plan gesetzt sind, wird in die Schalungswanne der Putz eingebracht. Der Putz wird mit dem Kran in der Putzbirne angeliefert, auf die Schalung abgelassen und mittels Schaufel und Kelle verteilt. (Die im RÖTZER-ZIEGEL-ELEMENT-HAUS eingesetzten JUWÖ-Deckentafeln werden unverputzt auf einer eigenen Anlage vorgefertigt und in konventioneller Weise vor Ort verputzt.)

4. Die Ziegel werden mittels Gabelstapler aus dem Lager in die Werkshalle transportiert, gewässert und dann mit dem Kran zum Kipptisch gebracht. Dort werden sie manuell, z.T. mit Hilfe von Handzangen gesetzt. Als Paßziegel werden Halbsteine eingelegt. Gegebenenfalls werden Paßziegel von Hand zugerichtet, d.h. gebrochen bzw. mittels Ziegelsäge zugeschnitten.

5. Leerrohre und Elektrodosen, Heizungs- und Sanitärinstallation, Fenster und Türzargen, Rollokästen und Gurtdosen werden geholt und eingesetzt. Gegebenenfalls werden Platzhalter für weitere Installationsgeräte aus Styropor zugeschnitten und eingebracht.

6. Die Armierung wird vorbereitet. Die Bewehrungsstäbe werden mit einer Schneidemaschine oder mit der Flex nach Maß geschnitten und an der Abkantbank zurechtgebogen. Die Armierungselemente – Bewehrungsstähle, Bewehrungsmatten Transport- und Montageanker – werden manuell zum Schalungstisch gebracht, eingesetzt, montiert und durch Abstandshalter fixiert.

7. Das Vergußmaterial wird vorbereitet, mit dem Kran angeliefert, mittels Betonbirne direkt aufgebracht, mit der Schaufel in die Fugen eingeräumt und mit der pneumatischen Rüttlerflasche eingerüttelt. Das Vergußmaterial wird bis zur Ziegelhöhe abgezogen und bindet eine Stunde ab.

8. Der Putz für die zweite Seite der Wandtafel wird aufgebracht, abgezogen und verrieben. Die Endkontrolle und die gegebenenfalls nötigen Nacharbeiten werden durchgeführt.

9. Der Kipptisch wird senkrecht gestellt, die Tafel angeschlagen und mit dem Kran zur Weiterbearbeitung durch Fremdfirmen (z.B. Einbau der Fenster) bzw. direkt zum Verladen transportiert.

Die Gesamtfertigungsdauer für eine Wandtafel beträgt bei diesem Verfahren durchschnittlich 4,25 Maschinenstunden.

4.2 Beschäftigtenstruktur und Tätigkeitsprofile

Die zur Herstellung der Wandtafeln nötigen Arbeiten wurden in der bisherigen Fertigungsweise von Fertigungsgruppen durchgeführt, denen jeweils ein Betonbauer und ein angelernter Arbeiter zugeordnet sind. Die Arbeit der Fertigungsgruppen wird vom Fertigungsleiter eingeteilt. Die Gruppen wechseln nach Erstellung einer Wandtafel zum nächsten Kipptischplatz. Die Putzarbeiten werden von einer zentralen Putzergruppe ausgeführt. Für spezielle Tätigkeiten – Eisenvorbereitung, Heizungs- und Sanitärinstallation, Sonderteile und Kundensonderwünsche – sind weitere gelernte und angelernte Fachkräfte zuständig. Die Transportarbeiten werden von angelernten Kranfahrern übernommen, die als Verbindungsmänner auch in hohem Maße kommunikative und koordinative Funktionen erfüllen. Für die Aufräumarbeiten und die Vorbereitung des Fugenvergusses steht jeweils ein ungelernter Arbeiter zur Verfügung. Insgesamt weist der Fertigungsprozeß folgende Mitarbeiter- und Qualifikationsstruktur auf:

1 Technischer Betriebsleiter
1 Fertigungsleiter
7 Betonbauer oder Maurer in den Fertigungsgruppen
1 Betonbauer für die Eisenvorbereitung
1 Heizungs- und Sanitärfachmann
2 weitere Betonbauer für Sonderteile
2 Maurer für Kundensonderwünsche
3 Putzer

4 angelernte Kranfahrer
7 angelernte Arbeiter in den Gruppen
1 angelernter Arbeiter als Mischer
1 ungelernter Arbeiter für Aufräumarbeiten
6 Auszubildende (Betonbauer)

Zur Erfassung der Tätigkeitsanteile wurden für die Arbeitsfelder der "Betonbauer", "Putzer" und "Kranfahrer" computergestützte Detailanalysen durchgeführt und entsprechende Tätigkeitsprofile erstellt, die die Arbeit der verschiedenen Berufsgruppen in Einzeltätigkeiten aufgliedern und deren prozentualen Anteil an der Geamtarbeitszeit erkennen lassen.

Für die Gruppe der Betonbauer ergab sich das folgende Tätigkeitsprofil. Es gliedert den sich bei jeder Wandtafelerstellung wiederholenden Arbeitszyklus von durchschnittlich insgesamt 2,5 Arbeitsstunden in 10 Tätigkeitsgruppen auf:

Tabelle 4.1: Tätigkeiten Betonbauer
(entnommen aus: [20], S. 14)

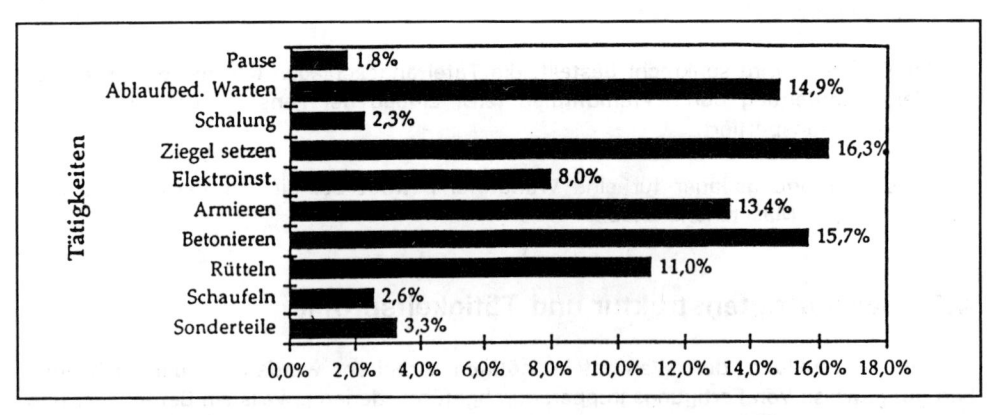

Tätigkeiten	Anteil
Pause	1,8%
Ablaufbed. Warten	14,9%
Schalung	2,3%
Ziegel setzen	16,3%
Elektroinst.	8,0%
Armieren	13,4%
Betonieren	15,7%
Rütteln	11,0%
Schaufeln	2,6%
Sonderteile	3,3%

Unter der Kategorie "Sonderteile" wird das Einbringen von Teilen wie Rollokästen, Stürzen, Anker etc. erfaßt. Die Ergebnisse der Tätigkeitsanalyse sind vor allem unter folgenden Gesichtspunkten bemerkenswert. Das Tätigkeitsprofil weist für die Kategorie "Ziegel setzen" einen hohen Zeitanteil von 16,3% aus. Da diese Tätigkeit mit dem Heben und Tragen von Gewichten (Reinartz gibt das Ziegelgewicht bei Großziegeln mit 13 kg an) und einer meist gebückten Arbeitshaltung verbunden ist, prägt das Moment körperlicher Schwerarbeit die Arbeit in den Fertigungsgruppen. Die ablaufbedingten Wartezeiten (14,9%), in die die Holvorgänge noch nicht eingerechnet sind, verweisen auf organisatorische Mängel in der Materialanlieferung und -bereitstellung.

Für die Gruppe der Putzer ergab sich ein durchschnittlicher Gesamtarbeitszyklus von 55 Minuten, der sich in sechs Tätigkeitsgruppen untergliedern ließ.

Die Tätigkeiten in der Kategorie "Filzen, Verreiben", für die das Tätigkeitsprofil den größten Zeitanteil ausweist, erfolgen in kniender Körperhaltung, die über längere Zeit eingenommen wird, und sind daher mit erheblichen körperlichen Belastungen verbunden.

Für die Gruppe der Kranfahrer ließ sich das Tätigkeitsfeld in sieben Tätigkeitsgruppen aufteilen.

Tabelle 4.2: Tätigkeiten Putzer
(entnommen aus: [20], S. 17)

Tätigkeitsanteile Putzer

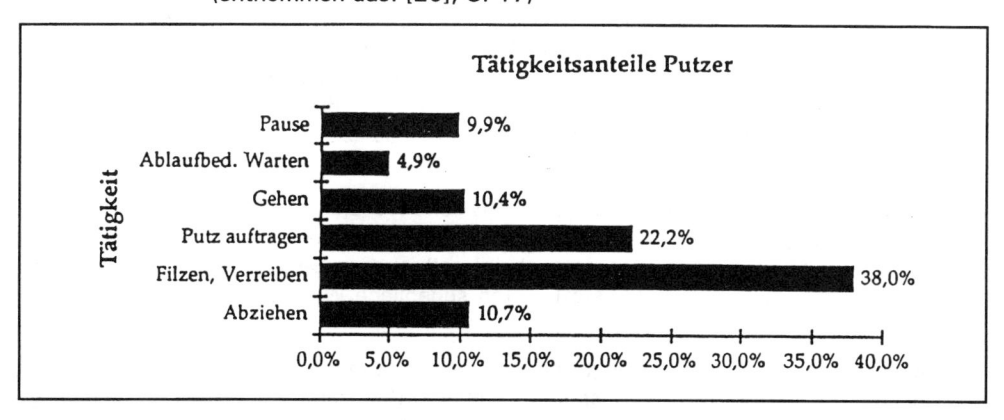

Tätigkeit	Anteil
Pause	9,9%
Ablaufbed. Warten	4,9%
Gehen	10,4%
Putz auftragen	22,2%
Filzen, Verreiben	38,0%
Abziehen	10,7%

Tabelle 4.3: Tätigkeiten Kranfahrer
(entnommen aus [20], S. 19)

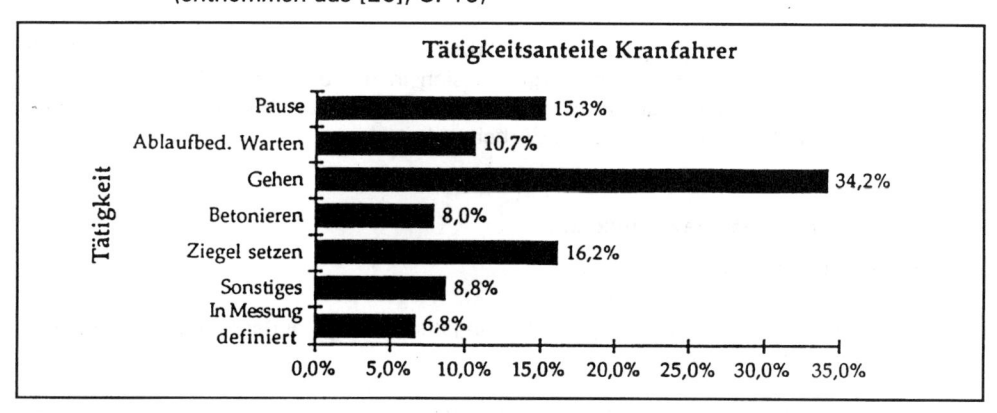

Tätigkeitsanteile Kranfahrer

Tätigkeit	Anteil
Pause	15,3%
Ablaufbed. Warten	10,7%
Gehen	34,2%
Betonieren	8,0%
Ziegel setzen	16,2%
Sonstiges	8,8%
In Messung definiert	6,8%

Die Kategorien "Ziegel setzen" und "Betonieren" umfassen den Transport der in Wasser getauchten Ziegel und des Betons. Der hohe Zeitanteil in der Kategorie "Gehen" (34,2%) ist in den Transportaufgaben der Kranfahrer funktionell begründet. "Sonstiges" umfaßt die gelegentliche Mithilfe bei Kollegen. Der hohe Pausenanteil und der hohe Anteil ablaufbedingter Wartezeiten begründet sich nicht zuletzt aus der Funktion der Kranfahrer als Koordinationsstelle zwischen den verschiedenen Arbeitsbereichen.

4.3 Belastungs- und Sicherheitsanalyse

Im Hinblick auf eine menschengerechtere Gestaltung der Arbeitsplätze und Arbeitsinhalte im Fertigungsprozeß ließen sich an der bisherigen Fertigungsstruktur folgende problematische Aspekte herausarbeiten, die im wesentlichen verfahrensbedingt sind und daher bei der Verfahrensentwicklung zu berücksichtigen waren.

1. Die Arbeit im bisherigen Fertigungsprozeß ist in hohem Grad manuelle Tätigkeit und mit den damit einhergehenden Belastungen verbunden. Durch die stationäre Verankerung der Kipptische sind der Mechanisierung der Arbeitsschritte enge Grenzen gesetzt. Da an jedem Kipptisch alle Arbeitsschritte durchgeführt werden, müßte jeder Kipptisch mit mechanischen Hilfen für alle Arbeitsgänge ausgestattet werden. Dies ist jedoch aus Platz- und Kostengründen nicht durchführbar. Die folgenden Belastungsfaktoren müssen daher als durch das bisherige Fertigungsverfahren bedingt angesehen werden:

- Das Heben und Tragen der Ziegel, die zwischen 6 und 13 kg wiegen, stellt eine erhebliche körperliche Belastung dar. Beim Anheben der Gewichte ist die Wirbelsäule großen Druckbelastungen ausgesetzt, beim paßgenauen Setzen der Elemente finden Verwindungen der Wirbelsäule statt, deren schädliche Wirkungen bekannt sind (vgl. [15]).

- Die Fertigung der Holzschalungselemente an der Kreissäge ist mit beträchtlichen Unfallrisiken verbunden. Als charakteristischer Unfall traten bei diesem Arbeitsgang in der bisherigen Produktion Handverletzungen auf.

- Das manuelle Vorbereiten und Transportieren der Bewehrungsstähle führte in der Vergangenheit zu häufigen Verletzungen der Hände an Graten.

2. Durch die liegende Fertigung, bei der die Arbeiter viele Tätigkeiten auf dem Kipptisch positioniert durchzuführen haben, ergeben sich in der bisherigen Form verfahrensbedingt schädliche Zwangshaltungen wie Bücken und Knien über längere Zeiträume. Dies betrifft in besonderem Maße die Arbeitsschritte

- Aufzeichnen der Maßvorgaben auf der Arbeitsfläche,

- Einsetzen der Ziegel, Bewehrung etc.,

- Abreiben des Putzes.

Das Arbeiten auf dem bestückten Schalungstisch bringt außerdem die Gefahr mit sich, vom Tisch zu stürzen.

3. Ein wesentlicher Belastungsfaktor ergibt sich aus der Vorfertigung unverputzter Deckenelemente, die nach der Montage vor Ort verputzt werden müssen. Diese Arbeit ist nachträglich nur über Kopf und damit nur in einer extrem belastenden Körperhaltung durchzuführen.

4. Da an allen Kipptischen sämtliche Arbeitsgänge durchgeführt werden, sind auch alle Arbeitsplätze mit sämtlichen zur Erstellung der Wandtafeln notwendigen Materialien und Teilen zu versorgen. Dies kompliziert den Materialfluß und die Verkehrswege und bringt folgende Belastungs- und Gefährdungsmomente mit sich:

- Belastungen durch manuellen Transport von Arbeitsmaterialien (z.B. Armierung) über längere Strecken.

- Belastungen durch Ablaufstörungen, die in dem ermittelten hohen Anteil der Holvorgänge und der ablaufbedingten Wartezeiten an der Gesamtarbeitszeit manifest sind.

- Die weiten Verkehrswege und insbesondere die mangelhafte räumliche Trennung der Transportwege der Kräne und Gabelstapler von den Arbeitsbereichen bringen erhebliche Unfallrisiken mit sich.

- Durch das zwischenzeitliche Ablagern von Arbeitsmaterialien an den Arbeitsplätzen und die dadurch sich ergebende Unübersichtlichkeit und Beengung der Verhältnisse ergeben sich zusätzliche Unfallrisiken (Stolpern, Fußverletzungen).

5. Festgestellte Mängel an ausreichenden Arbeitsschutzvorrichtungen sind z.T. ebenfalls als verfahrensbedingt anzusehen, da die bisherigen universellen Schalungsplätze der Ausstattung der Arbeitsplätze mit allen nötigen Schutzeinrichtungen für sämtliche Arbeitsgänge Grenzen setzt.
So wurden bei Lärmmessungen Durchschnittswerte von $L_{eq} = 83{,}8$ dB(A) und Maximalwerte von $L_{max} = 97{,}2$ dB(A) ermittelt. Die sich daraus ergebenden Belastungen waren im bisherigen Verfahren nicht weiter abzubauen. Das Gleiche gilt für Umgebungsbelastungen beim Schweißen und beim Sägen von Styroporfüllstücken.

6. Zusätzlich wurden bei der Überprüfung des Fertigungsprozesses Mängel festgestellt (Reinartz und Joost nennen: unzureichende Sicherheitsvorkehrungen bei der Propangaslagerung, mangelhafte Bodenverankerung der Abkantbank, fehlende Schutzvorrichtungen an einigen Arbeitsgeräten, unzureichende Hallenbeleuchtung etc.), die nicht oder nur eingeschränkt als verfahrensbedingt angesehen werden können. Sie waren bei der Einrichtung der neuen Fertigungshalle zu berücksichtigen, sind für die Entwicklung innovativer Ansätze der Verfahrensgestaltung jedoch nur von untergeordnetem Interesse.

5 Abgeleiteter Innovationsansatz

Die Zielsetzung, die in der bisherigen Fertigung auftretenden Belastungs- und Gefährdungsmomente abzubauen, führte zur konzeptionellen Neuentwicklung des Fertigungsverfahrens.
Kernstück des neuen Fertigungskonzepts, dessen Realisierbarkeit im Rahmen des Forschungsvorhabens geprüft werden sollte, ist der Übergang von den bislang eingerichteten, stationär verankerten Kipptischplätzen zu mobilen Schaltischen, die im Umlaufverfahren für die jeweiligen Arbeitsgänge spezialisierte Arbeitsstationen durchlaufen. Umlaufverfahren sind seit längerem aus der Betonfertigteilproduktion bekannt, wie beispielsweise das eingangs beschriebene Palettenumlaufverfahren, in dem die gefertigten Wandtafeln einen Trockentunnel durchlaufen. Die Umsetzung dieses Verfahrens auf die spezifischen Bedingungen und Anforderungen des Ziegelmontagebaus und im Hinblick auf seine belastungsreduzierenden Möglichkeiten bildete einen wichtigen Gegenstand des Entwicklungsprojekts.
Durch den Transport der Großpaletten zu den verschiedenen Arbeitsstationen, die für den jeweiligen Arbeitsgang in optimaler Weise mit technischen Hilfen und Arbeitsschutzvorrichtungen ausgerüstet werden können, wird in einem entscheidenden Punkt der Abbau der mit der stationären Fertigung verbundenen Belastungsmomente möglich.
Aus diesem Innovationsansatz ergaben sich verschiedene Durchführungsalternativen und zu lösende Einzelaufgaben.

5.1 Fertigungsalternativen

Für die Neukonzeption des Fertigungsverfahrens wurden drei alternative Methoden entwickelt, die nach arbeitswissenschaftlichen, technischen und wirtschaftlichen Gesichtspunkten geprüft wurden:
- liegende Wandtafelfertigung im Umlaufverfahren,
- stehende Wandtafelfertigung,
- kombinierte, liegende und stehende Fertigung.

Für alle drei Fälle wurden automatisierte Bearbeitungsstationen konzipiert.

1. Favorisiert wurde unter dem Gesichtspunkt belastungsreduzierender Maßnahmen zunächst die Methode der stehenden Wandtafelfertigung. Die stehende Produktion ermöglicht den Abbau der Tätigkeiten in belastender Zwangshaltung, die sich in der bisherigen liegenden Fertigung beim Arbeiten auf dem Schalungstisch ergeben. Die wirtschaftliche Prüfung der Alternative "automatisierte, liegende Fertigung im Umlaufverfahren" und "automatisierte, stehende Fertigung" nach Arbeitszeitwerten ließ für beide Fälle eine deutliche Senkung der Personalintensität durch die Automation von Produktionsschritten erwarten, die im Falle der stehenden Fertigung jedoch erheblich größer ausfallen würde.
Im Zusammenhang mit dem Konzept der stehenden Fertigung wurde die Methode des Verklebens maßgenau gerichteter Ziegelsteine in Erwägung gezogen, durch die eine Steigerung der Maßgenauigkeit der vorgefertigten Tafeln erreichbar ist. Die

unternommenen Versuche, in der stehenden Fertigung einen akzeptablen Integrationsgrad der gefertigten Wandtafeln zu realisieren, führten jedoch zu keinem befriedigenden Ergebnis. Bestätigt wird durch diese Versuche die Einsicht, daß der Erhöhung des Vorfertigungsgrades in der stehenden Fertigung derzeit noch verfahrensbedingt Grenzen gesetzt sind.

Dadurch waren jedoch die Vorteile der stehenden Fertigung im Hinblick auf belastungsreduzierende Maßnahmen grundsätzlich in Frage gestellt. Die Aufgabe des in der bisherigen liegenden Fertigung erreichten Vorfertigungsgrades hätte bedeutet, bereits erreichte Fortschritte im Abbau von Belastungsfaktoren (Reduktion der Baustellenarbeit, Abbau von Arbeiten mit Schlagwerkzeugen etc.) rückgängig zu machen. Außerdem wurde ermittelt, daß die Minderung der Personalintensität in der stehenden Vorfertigung durch einen im niedrigeren Vorfertigungsgrad der Bauelemente begründeten, größeren Arbeitsaufwand beim Ausbau auf der Baustelle überkompensiert würde.

2. Es wurden daher die Möglichkeiten des Belastungsabbaus in einer neuzukonzipierenden liegenden Fertigung mit Umlaufverfahren ermittelt. Als entscheidende Ergebnisse lassen sich dabei festhalten:

- Das System der im Umlaufverfahren anzufahrenden Arbeitsstationen erlaubt durch Einsatz von Handhabungsautomaten eine weitgehende Mechanisierung der einzelnen Arbeitsgänge und damit entscheidende Schritte zur Eliminierung bislang mit diesen Arbeitsgängen verbundener Belastungen. In diesem Kontext spielt insbesondere die erfolgreiche Klärung der Einsatzmöglichkeiten von Handhabungsautomaten für die Automation des Ziegelsetzvorgangs eine entscheidende Rolle. Weitere Entlastungsmöglichkeiten durch die Automation der Wannenreinigung, eine rechnergesteuerte Plotterstation, durch eine automatische Ablängstation für die Bewehrungseisen, durch technische Möglichkeiten der fugengenauen Mörteleinbringung und durch hydraulische Abziehhilfen wurden in Erwägung gezogen und z.T. entwickelt. Die erfolgreich getesteten Verfahren werden im künftigen Fertigungsprozeß eingesetzt.

- Eine neukonzipierte, liegende Fertigung ermöglicht gegenüber der bisherigen Fertigung eine weitere Steigerung des Vorfertigungsgrades. So wurde eine Methode entwickelt und erfolgreich getestet, das Verputzen der Decken in die Vorfertigung der Deckentafeln einzubeziehen. Damit wurde ein wesentlicher Durchbruch bei der Eliminierung der extrem belastenden Überkopf-Arbeit in der herkömmlichen Erstellung des Deckenputzes erzielt.

- Die auf die einzelnen Arbeitsgänge ausgerichteten Arbeitsstationen ermöglichen eine Reduktion von Komplexität im Materialfluß, da nicht wie im bisherigen Verfahren jede Station mit allen Materialien versorgt werden muß. Damit einher geht die Reduktion von Belastungen beim Holen und Tragen der Arbeitsmaterialien und der Abbau von unfallträchtigen Arbeitsplatzverhältnissen.

- Im Zusammenhang mit dem Palettenumlaufverfahren konnte ein werksinternes Transportwegesystem konzipiert werden, das auf den Prinzipien kurzer Wege und einer konsequenten Trennung von Transport und Arbeitsbereichen beruht. Dadurch lassen sich zukünftig erhebliche Unfallgefährdungen ausschalten und Belastungen durch verfahrensbedingte Ablaufstörungen reduzieren.

3. Den Ausschlag für die Entscheidung zur Methode der kombinierten, stehenden und liegenden Fertigung im Umlaufverfahren gab schließlich die bereits aufgeführte Notwendigkeit, eine adäquate Lösung für das Problem der unzureichenden, durch beidseitiges Verputzen in der liegenden Schalungswanne entstehenden Putzqualität zu finden. Testversuche mit Putzrobotern, die zum beidseitigen Putzen der stehenden Wandtafeln eingesetzt werden sollten, ergaben keine zufriedenstellenden Ergebnisse. Die nachträgliche Verbesserung der Putzqualität durch manuellen Auftrag einer Renovierputzschicht führte zu keinen Ansatzpunkten einer Arbeitsentlastung. Aus diesem Grund wurde vom bisherigen Verfahren des beidseitigen Verputzens in der liegenden Wanne Abstand genommen und dazu übergegangen, die Wannenseite der Wand im stehenden Zustand der Wandtafeln zu verputzen. Die bislang beim Putzen auftretenden Belastungen durch Knien beim Abreiben des Putzes können dadurch vermieden werden.

Das Konzept der kombinierten, liegenden und stehenden Fertigung sieht vor, die Arbeitsgänge Ziegelbestückung, Bewehrungseinbringung, Vergießen und Trocknen in der liegenden Schalung durchzuführen und nach dem Trockenprozeß die Wandscheiben im stehenden Zustand weiterzuverarbeiten und fertigzustellen.

5.2 Verfahrensrelevante Einzelergebnisse

5.2.1 Vorinstallation

Bei Versuchen, die Vorinstallation von integrationsfähigen Komponenten (Leitungen etc.) aus der liegenden Fertigung auszugliedern und in die stehende Fertigung einzubeziehen, ergab sich einerseits die Einsicht, daß die Integration der Komponenten nach der Wanderstellung zu wesentlichen Qualitätsverbesserungen führen kann. Andererseits ergaben sich bei der Erprobung einer Frässtation zur nachträglichen Erstellung der Aussparungen für die Komponenten keine überzeugenden technischen Lösungen. Die relativ harte Werkstoffkombination Ziegel/Vergußmaterial verursachte bei der Trockenfräsung nicht eingrenzbare Lärm- und Staubbelastungen, brachte lange Prozeßzeiten mit sich und führte zu Ablaufstörungen durch Werkzeugverschleiß.

Das Prinzip der fabrikseitigen Vorinstallation wurde daher modifiziert und methodisch weiterentwickelt. Durch den Einsatz vorgefertigter Formsteine werden in Zukunft Installationskomponenten fabrikseitig teilintegriert. Dieser Schritt bringt eine Verbesserung der Fertigungsqualität mit sich und ermöglicht damit gleichzeitig eine Verminderung der notwendigen Nacharbeiten mit den für sie typischen Belastungsmerkmalen. Die verbleibenden, auf der Baustelle durchzuführenden Installationsarbeiten werden durch Verfahrensänderungen von Belastungen weitgehend befreit: So wurde als Alternative zur Vorinstallation der Leerrohre in der Wand das Verfahren der Verrohrung unter dem Estrich entwickelt und erfolgreich getestet. Gegenüber dem herkömmlichen Verfahren der Leitungsinstallation in der Wand entfallen durch eine Verrohrung vor dem Estrichauftrag – wie in der bisherigen Vorinstallation in der Wand – Belastungen durch Stemm- und Meißelarbeiten. Zusätzlich lassen sich in diesem Verfahren, das selbst keine nennenswerten Zusatzbelastungen mit sich bringt, die belastungsintensiven Zwangshaltungen an der Schalungswanne abbauen, die im bisherigen Vorfertigungsprozeß einzunehmen waren. In Zukunft wird die Mehrzahl der Leitungen im neu entwickelten Verfahren verlegt.

In Erwägung gezogen wurde in diesem Zusammenhang auch die grundsätzlich denkbare Alternative einer Integration der Rohrverlegung in die Deckenvorfertigung. Die Verlegung vor Ort erwies sich jedoch als belastungsärmer und auch als wirtschaftlicher.

5.2.2 Fördersystem

Für den Transport der Wand- und Deckentafeln zwischen den Bearbeitungsstationen war eine technische Lösung zu finden, die den Anforderungen der kombinierten liegenden und stehenden Fertigung genügt. Für die liegende Fertigung wurde ein Fördersystem entwickelt, das den Transport der Fertigungspaletten sowohl in Längs- als auch in Querrichtung ermöglicht. In Längsrichtung erfolgt die Förderung der Paletten über Rollenböcke mit SPS-gesteuertem Reibradantrieb. Der Reibradantrieb ist z.T. reversibel ausgeführt, um in Bedarfsfällen (z.B. Störungen) die Förderrichtung umkehren zu können. In Querrichtung werden die Paletten mittels schienengeführter Hubwagen verfahren. Die Förderstrecken sind z.T. mit einem begehbaren Stahlgerüst überbaut. Für die stehende Fertigung werden die Tafeln an einer Kipptischstation aufgerichtet und an einen Kran angeschlagen. Dieser Kran ist rechnergesteuert und fährt die Bearbeitungsstationen der stehenden Fertigung automatisch an.

5.2.3 Sicherheitskonzept für das Fördersystem

Für das Palettenumlaufsystem wurde in Zusammenarbeit mit dem Technischen Überwachungsverein ein mittlerweile erfolgreich umgesetztes Sicherheitskonzept entwickelt. Geprüft wurden zwei alternative Versionen
- teilautomatisiertes Unterflur-Umlauftransportsystem,
- teilautomatisiertes ebenerdiges Paletten-Umlauftransportsystem.

Bei der Gefahrenananlyse der ersten Version, die sich durch eine konsequente Trennung von Transport- und Arbeitsbereichen zunächst anbot, kristallisierte sich als entscheidungsrelevantes Problem die Notwendigkeit heraus, die Schnittstellen zwischen dem Stetigförderbereich und der Arbeitsbühne angemessen zu sichern. Zur Sicherung boten sich automatisch wegklappende Geländer oder ähnlich aufwendige technische Lösungen an, die die Gesamtkonstruktion erheblich verteuert hätten. Zudem konnten für das Problem der unterhalb der Arbeitsbühne durchzuführenden Reinigungsarbeiten keine menschengerechten Lösungen entwickelt werden. Das Konzept des Unterflur-Transports wurde daher aufgegeben.
Für das ebenerdige Transportsystem mußten Lösungen gefunden werden zur Vermeidung von Gefahrensituationen, die bei dieser Version durch die Überschneidung der Verkehrswege von Kränen und Gabelstaplern, der Palettentransportwege und der Arbeitsplatzbereiche auftreten können. Die Sicherheitsanalyse führte zu der zentralen Erkenntnis, daß die Kriechgeschwindigkeit des Palettentransports von 0,2 m/s eine inhärente Sicherheitskomponente darstellt, auf deren Wirksamkeit sich ein überzeugendes Sicherheitskonzept aufbauen läßt. Durch die niedrige Transportgeschwindigkeit läßt sich sicherstellen, daß die Gefahrenbereiche von den Mitarbeitern auch unter ungünstigen Bedingungen rechtzeitig geräumt werden können. Ergänzt wurde diese Sicherheitskomponente durch technische und organisatorische Sicherungsmaßnahmen (Verkleidung von Quetsch- und Scherstellen, automatische Anlaufwarneinrichtungen, Kennzeichnung und Abgrenzung von Gefahrenbereichen, Notabschaltungen an den

Stationen, Planung von Sicherheitsabständen und ausreichenden Bewegungsräumen in den Arbeitsbereichen etc.), die eine umfassende und wirksame Unfallverhütung ermöglichen.

5.2.4 CAD/CAM-Lösungen

Bei der Erarbeitung eines CAD-System für die Wandtafelfertigung konnte auf das bewährte CAD-System "Micado" zurückgegriffen werden, das im Hause Winklmann im Bereich der Vorfertigung von JUWÖ-Ziegeldecken bereits erfolgreich eingesetzt wird. Dieses Programm wurde für die spezifischen Anforderungen in der Wandtafelfertigung fortentwickelt, wobei der gegenüber den Deckenelementen erheblich kompliziertere Aufbau der Wandtafeln zu bewältigen war. Das neue CAD-Programm zeichnet sich durch folgende Funktionsbestimmungen aus:

- Architekturplanung: Aufbauend auf einer Grundrißrasterung mit einem Grundmaß von 25 cm und Vorzugsmaßen von 5, 10, 15 und 20 cm errechnet das System nach Eingabe der nötigen Informationen (Wandaußeneckpunkte, Geschoßhöhe, Öffnungen, Aussparungen, Schlitze) die vollständige Wandgeometrie für nahezu alle Wandformen. Fortschritte konnten dabei insbesondere im Hinblick auf eine Vereinfachung der Dateneingabe durch Standard-Makros für Wandöffnungen, Stürze, Rolladenkästen etc. gemacht werden.

- Fertigungsplanung mit Elementierungsautomatik: Nach Eingabe der Angaben zur Installation von Elektro-, Sanitär- und Heizungskomponenten errechnet das System Vorschläge für eine optimale Leitungsführung. Ebenso schlägt der Rechner Lösungen für die Belegung mit Ziegeln vor. Da die Vorschläge des Rechners auf dem Bildschirm sofort in 3D dargestellt werden, sind sie jederzeit kontrollierbar und können gegebenenfalls korrigiert werden.

- Plotten: Sämtliche Montagepläne (Grundrisse) und Wandansichten können in variablem Maßstab (vorzugsweise M 1:20) ausgegeben werden. Die Pläne enthalten alle nötigen Angaben über das Objekt (Bauherr, Bauort, Datum), die Wandgeometrie (Ansicht, Draufsicht Schnitte, Darstellung der Wandverbindungen, Geschoßbezeichnung, Maße), und über die Wandfertigung (Wandfläche, Wandgewicht, Anzahl der Ziegel, etc.).

- Optimierung der Arbeitsvorbereitung: Für jedes Wandelement errechnet der Computer den Materialbedarf, der in Massenlisten ausgegeben wird. Sie enthalten Angaben über den Mörtelbedarf, Anzahl der Ziegel Bewehrung, Statik etc.

- Steuerung von Fertigungsschritten: Die Geometriedaten des CAD-Plans werden zu fertigungsspezifischen Daten aufbereitet. Die Datenverknüpfung mit den Fertigungseinrichtungen erlaubt die rechnergestützte Steuerung der Plotterstation, des Transportsystems, des Bestückungsautomaten, der Bewehrungsanlage und des Betonverteilers.

Der Einsatz des entwickelten CAD-Systems bringt somit in allen Phasen der Bauplanung erhebliche Arbeitserleichterungen mit sich. Durch die Verknüpfung von Planung und Fertigung kann künftig der Arbeitsablauf optimiert und zusätzlicher Zeitdruck durch ablaufbedingte Störungen abgebaut werden. Für die Automation von Fertigungsschritten und die darin begründete Entlastung der Mitarbeiter ist mit der Möglichkeit einer rechnergestützten Maschinensteuerung eine entscheidende Voraussetzung geschaffen.

Bei der Entwicklung der Softwarelösung wurde großer Wert gelegt auf eine bedienerfreundliche Oberflächengestaltung und praxisnahe, einfache Verfahren der Dateneingabe. Die erreichte Lösung stellt eine wesentliche Voraussetzung dafür dar, auch Mitarbeiter ohne aufwendige externe Schulungsmaßnahmen in die Anwendung der rechnergestützten Planungs- und Organisationshilfen einzuarbeiten und sie damit weiter zu qualifizieren.

6 Realisierte Gesamtlösung im Bereich Vorfertigung

Die Ergebnisse des dreijährigen Forschungsprojekts wurden in dem neuen Ziegelelement-Vorfertigungswerk der Fa. Ziegelmontagebau Winklmann umgesetzt. Als Verwirklichung einer grundlegend innovativen Gesamtlösung in der Vorfertigung von Ziegelelementen unter Beachtung aller belastungsreduzierenden Möglichkeiten der Verfahrensgestaltung, kann das System Winklmann den Anspruch erheben, den neuesten Stand der Technik zu repräsentieren.

6.1 Beschreibung des Fertigungsablaufs

Das folgende Ablaufschema (Bild 6.1) gibt einen Überblick über den Fertigungsablauf im neuen Werk der Fa. Ziegelmontagebau Winklmann.

Gefertigt werden im neuen Werk Ziegelwandtafeln, Wandtafeln aus Beton (Kelleraußenwände) und Deckentafeln aus Ziegel in folgendem Ablauf:

- Von der Kippstation fährt die leere Palette im Tippbetrieb in Station 1 (Reinigen, Ölen, Plotten) ein. Die Station arbeitet automatisch. Über ein kombiniertes Schaber- und Bürstensystem werden die Palettenflächen inklusive der Längsrandschalungen gereinigt. Die Rückstände werden in einem Behälter gesammelt, der durch den Kran abtransportiert wird. Der Zugang in den Gefahrenbereich der Reinigungsmaschine ist seitlich durch Abweiser gesperrt. Frontal wird der Gefahrenbereich gesichert durch eine Abdeckung mit Abschaltbügel, der die über Kopfhöhe bewegte Bürst-Schabereinheit bei Berührung stoppt. Die Konturen der Elementplatten werden von einem rechnergesteuerten Plotterautomaten im Maßstab 1:1 aufgezeichnet. Das Schalöl wird maschinell aufgetragen. Die Ausfahrt der vorbereiteten Palette aus der Station erfolgt automatisch.

- Die Einfahrt der Palette in Station 2, die durch einen seitlichen Durchgangsschutz gesichert ist, wird durch eine Anlaufwarneinrichtung angezeigt, die 15 Sekunden vor dem Einschleusen aktiviert wird. Station 2 (Decke schalen, Putz einbringen, Rütteln) wird nur bei der Deckenfertigung genutzt (bei Wandfertigung wird die Position automatisch überfahren bzw. dient als Puffer). Hier werden die Längsabschalungen eingestellt, die Querabschalungen manuell eingelegt, der Putz über den Hallenkran in der Putzbirne angeliefert und abgelassen. Der Putz wird manuell grob verteilt und durch maschinelles Rütteln der Fertigungspalette auf speziellen Rüttelböcken verdichtet. Durch Frequenzregelung des Rüttlers (90–100 Hz) und fundamentseitige Separierung ist sichergestellt, daß der Lärmpegel nicht über 85 dB(A) steigt.

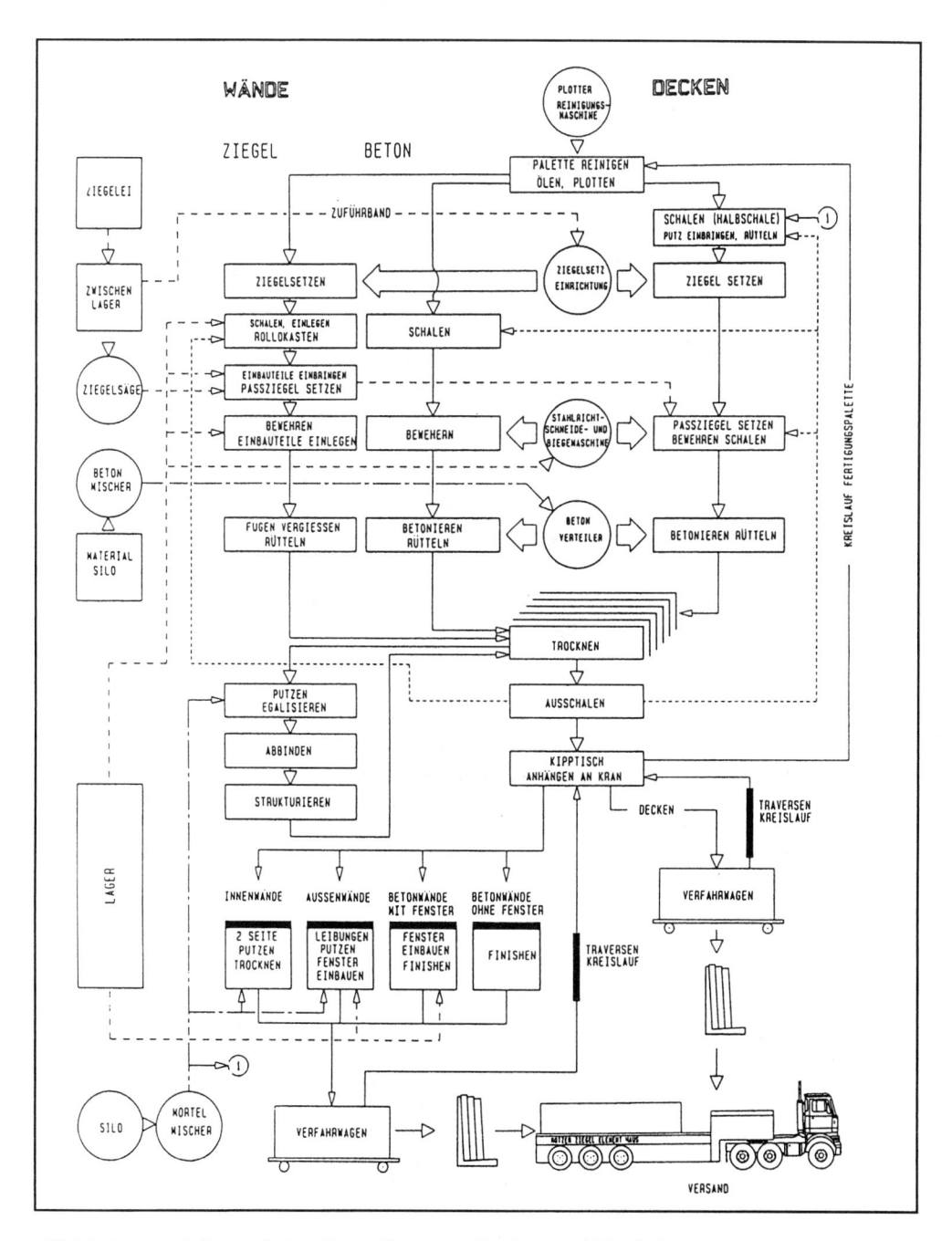

Bild 6.1: Schematische Darstellung des Fertigungsablaufs im Ziegelmontagebau der Firma Winklmann.

- Der Quertransport der Paletten von Station 2 zur Station 3 (Ziegel setzen) und die Einfahrt in die Setzstation erfolgen automatisch. Die Station arbeitet automatisch. Der Bestückungsautomat bedient wechselseitig die linke und rechte Palette. Die Paletten werden über einen SPS-gesteuerten Reibradantrieb im Bestückungstakt am Setzgreifer vorbeigeführt. Die Zuführung der Ziegel zur Setzeinrichtug erfolgt über Band. Die Gefahrenbereiche der Bestückungsmaschine, des Paletten-Transportsystems und der Ziegelzuführbänder sind durch Lichtschranken, auf Berührung reagierende Unterbrecher, eine Not-Aus-Einrichtung, Schutzgitter, Geländer und Abdeckungen von unfallträchtigen Einzugstellen abgesichert. Eine Person, die gegebenenfalls auch defekte Ziegel aussortiert, überwacht die Station.

- Die bestückten Paletten fahren automatisch die folgenden Arbeitsstationen an. Soweit die Anfahrt automatisch erfolgt, sind die Stationen durch Anlauf-Warneinrichtungen und seitlichen Durchgangsschutz gesichert. Station 4 (Wand schalen, Komponenten einlegen) wird bei Deckenfertigung überfahren bzw. dient als Puffer. In dieser Arbeitsposition für Ziegel- und Betonwände werden sämtliche Schalungselemente, die Rollokästen und die Installations-Leerrohre i.d.R. manuell eingelegt. Das Einbringen großer Schalungsteile erfolgt per Hallenkran. Die Schalungselemente werden im Kreislauf zwischen Schal- und Ausschalstation zum Schalplatz transportiert und auf der Arbeitsbühne bereitgestellt.

- Die Einfahrt in Station 5 (Paßziegel setzen) erfolgt automatisch. (Bei Betonwandelementen dient diese Arbeitsposition zum Einlegen der Bewehrungsmatten.) Bei der Fertigung von Ziegeltafeln werden hier die vorbereiteten und per Kran am Arbeitsplatz bereitgestellten Halb- und Teilziegel von Hand gesetzt. Der Standplatz der Ziegelsäge befindet sich aus Lärmschutzgründen außerhalb der Fertigungshalle. Nur noch zusätzliche Anpassungen von Ziegeln werden direkt vor Ort vorgenommen.

- Nach Freigabe der beiden Parallel-Arbeitsplätze der Station 6 (Bewehren) werden die Paletten bis an die Huböffnungen des Automatikbereichs des regalbedienten Geräts transportiert. Der Einzug der Paletten erfolgt automatisch über Hubtore mit geringer Höhe. Die automatische Bewehrungsanlage ist mechanisch gegenüber dem Verkehrsweg abgeschrankt. Die Richtrotoren sind lärmgekapselt. Zur Senkung des Lärmpegels ist die Auffangwanne für die Bewehrungseisen mit Gummi ausgekleidet. Die Bewehrungsstähle werden maschinell geschnitten und gebogen. Das Einlegen der Bewehrungselemente findet i.d.R. manuell statt, bei der Längsbewehrung der Deckenelemente findet die Zuführung über einen stationären Kran statt. Mit einem anderen Kran werden die Drahthaspeln aufgesetzt.

- Die Palettenzufahrt zu Station 7 (Fugenvergießen, Rütteln) erfolgt über Schallschutztore. Die Station ist überbaut mit einer Stahlkonstruktion, in die drei Trockenkammern integriert sind. Dieser Arbeitsbereich ist baulich umschlossen. Eine Fluchttüre ermöglicht das Verlassen des Arbeitsbereichs. Der zentrale Betonverteiler versorgt zwei Paletten im Parallelbetrieb. Zum Vergießen der Fugen fährt ein Arbeiter den Verteiler jede Palette je nach Bedarf ab und ermöglicht dadurch eine fugengenaue Einbringung des Vergußmaterials. Nach dem zweiten Überfahren setzt der Rüttelvorgang auf speziellen Rüttelböcken ein, die durch fundamentseitige Separierung gewährleisten, daß der Lärmpegel unter 85 dB(A) bleibt. Das Querverfahren des Verteilers zum Wechsel der Paletten ist aus Sicherheitsgründen nur in der Endstellung des Verteilers möglich. Ein zweiter Arbeiter beginnt nach dem Fugenverguß unter fortgesetztem Rütteln die Feinverteilung. Dieser Arbeitsgang erfolgt manuell mittels Kelle. Im Tippbetrieb wird die Palette vor die Hubtüre der Arbeitsstation gefahren und der Betonierplatz gereinigt.

- Transport und Paletten-Einlagerung erfolgen im gesamten Bereich der Station 8 (Trocknen) automatisch. Die Station ist mit einer Not-Abschaltvorrichtung außerhalb des Automatikbereichs ausgestattet. Die Wand- und Deckentafeln werden bei ca. 40°C getrocknet. Die Mindesttrockenzeiten betragen
- bei Ziegelwänden vor dem Putzen 12–15 Std.,
  vor dem Entschalen 3–4 Std.,
- bei Betonwänden und Deckenelementen vor dem Entschalen ebenfalls 12–15 Std..

  Bei Auslagerung der Teile wird die tatsächliche Trockenzeit der Elemente geprüft.

- Nach dem ersten Trockenvorgang fahren die Paletten mit den Ziegelwandelementen automatisch Station 9 (Putzen, Egalisieren) an. Zur Erstellung der ersten Putzseite wird auf die liegende Wandtafel per Krankübel der Putz eingebracht, manuell verteilt und mit der Latte auf der Schalungsoberkante abgezogen.

- Station 10 (Abbinden) dient zur Aushärtung des Putzes vor dem Strukturieren in Station 11. Die Putzoberfläche wird hier manuell mit Hilfe von Handgeräten verfilzt. Nach dem Strukturieren werden die Paletten in den Trockenbereich zurückgefahren – Station 12 (siehe Station 8) – und dort automatisch eingelagert.

- Nach dem zweiten Trockenvorgang werden die Paletten automatisch zu Station 13 (Ausschalen) gefahren. Dort findet die Demontage der Längs- und Querabsteller und das Entschalen der Fenster und Türöffnungen statt. Diese Arbeitsgänge erfolgen mit Hilfe eines Säulendrehkrans. Die gelösten Schalungsteile werden manuell gereinigt und auf einer Sammelpalette zwischengelagert, um schließlich im Kreislaufverfahren wieder zu den Stationen 2 und 4 gebracht zu werden.

- Die entschalten Bauelemente werden auf der Palette im Tippbetrieb zu Station 14 (Pufferstation) und Station 15 (Übergabe) weitertransportiert. Die Wandtafeln werden mit einem Kipptisch hydraulisch aufgerichtet, nach Erreichen der Endposition an den Anschlagösen angeschlagen und im senkrechten Zustand zu den Bearbeitungsstationen der stehenden Fertigung gefahren. Die Kranbewegung, die automatisch gesteuert wird, wird durch ein akustisches Signal angezeigt und vom Kranführer begleitet. Dieser hat zu gewährleisten, daß die Förderstrecke und die anzufahrende Arbeitsstation geräumt sind. Die Deckentafeln, die nicht weiterbearbeitet werden, werden wie die Wandtafeln in stehende Position gebracht und per Kran zum Verfahrwagen transportiert. (Auf der Baustelle werden die Deckenplatten mit einem Wendegerät in die Horizontale gebracht.)

- An den Bearbeitungsstationen der stehenden Fertigung wird die zweite Seite der Wandtafeln verputzt und der Laibungsputz der Fensteröffnungen erstellt. Außerdem werden hier die Fenster eingebaut, die Endkontrolle durchgeführt und die anfallenden Nacharbeiten ausgeführt. Um bei den Arbeiten die Höhe der Wandtafeln bewältigen zu können, sind die Arbeitsstationen mit verfahrbaren Arbeitsbühnen ausgestattet, die sich in der jeweiligen Arbeitsposition arretieren lassen.

6.2 Beurteilung des neuen Fertigungsablaufs unter dem Gesichtspunkt des Belastungsabbaus

Eine vergleichende Gesamtbetrachtung des Fertigungsprozesses ergibt, daß die mit dem alten Fertigungsverfahren noch verbundenen Belastungen weitgehend abgebaut werden konnten. Dies betrifft vor allem die schweren körperlichen Belastungen im manuellen Umgang mit großen Gewichten und durch erzwungene Körperhaltungen beim Arbeiten, die Umgebungsbelastungen durch unzureichende Beleuchtung, Schmutz, Lärm und austretende Dämpfe und die Streßbelastungen durch Ablaufstörungen und Überforderung der Mitarbeiter. Einige bislang auszuführende und mit Belastungen verbundene Arbeiten entfallen durch die Umstellung des Fertigungsverfahrens in Zukunft ganz. Die aus neu hinzukommenden Tätigkeiten und der Umstellung insgesamt entspringenden Belastungen lassen sich eingrenzen. Dies betrifft den organisatorischen Aspekt, daß in Zukunft im Zweischicht-Betrieb gefahren wird (keine Nachtarbeit) und das Arbeiten unter vorgegebenem Zeittakt, das jedoch bei einer Taktzeit von ca. 25 Minuten als relativ unkritisch betrachtet werden kann. Im Einzelnen lassen sich bezogen auf die verschiedenen Arbeitsverrichtungen – unter Ausklammerung der Auswirkungen der Verfahrensumstellung auf die Montage-/Ausbauarbeiten und auf die Arbeitsorganisation (vgl. die Ausführungen in den beiden folgenden Kapiteln) – als belastungsreduzierende Ergebnisse festhalten:

– Reinigen, Plotten, Ölen: Durch Automation des Palettenreinigungsvorgangs entfällt ein Arbeitsgang, der notwendigerweise mit schmutzigen Arbeitsverhältnissen verbunden war. Durch die CAD-gesteuerte Plottereinrichtung wird das manuelle Aufzeichnen der Elementkonturen auf die Fertigungspalette ersetzt und die dabei einzunehmende Zwangshaltung umgangen. Die durch den Plotter zu erreichende größere Präzision und Fehlervermeidung verringert Unsicherheiten bei der Durchführung der nachfolgenden Arbeitsschritte. Der maschinelle Auftrag des Schalöls verhindert, daß beim Sprühen entstehende Aerosole eingeatmet werden, und schaltet die Rutschgefahr aus, die beim manuellen Auftragen des Schalöls gegeben war.

– Schalen, Entschalen: Durch die Verwendung maßgenau einrichtbarer Stahlschalungsteile und durch die Standardisierung von Wandöffnungen und Einbaukomponenten entfallen zahlreiche Sägevorgänge bei der Schalungserstellung und damit ein wesentlicher Teil des unfallträchtigen und durch Lärm belastenden Arbeitens an der Kreissäge. Große Schalungsteile werden in Zukunft nicht mehr manuell, sondern per Kran eingesetzt, so daß sich die größten Belastungen beim Heben und Tragen von Schalungsteilen erübrigen. Die gleiche Arbeitserleichterung konnte beim Entschalen realisiert werden.

– Ziegel setzen: Durch beträchtlichen Investitions- und Technologieaufwand wurde es möglich, die bislang schwerste körperliche Arbeit zu automatisieren und damit auch die schädigenden Wirkungen dieser Arbeit auf den Organismus (Beanspruchungen von Rückenmuskulatur und Wirbelsäule) gänzlich abzubauen. Neu geschaffen wurde an der Setzstation der Arbeitsplatz für einen qualifizierten Mitarbeiter, der die Station überwacht. Dieser Arbeitsplatz bringt keine Unfall- und Gesundheitsgefährdungen mit sich. Es sollte in Zukunft möglich sein, auch die in dieser Arbeitsposition einzig verbleibende manuelle Tätigkeit des Aussortierens defekter Ziegel (ca. 1–2%) zu automatisieren, die monoton ist und daher die Konzentrationsfähigkeit belastet. Diesbezüglich wurde die Idee entwickelt, den Sortiervorgang durch einen pneumatischen Auswerfer mit Hand- oder Fußauslöser zu mechanisieren, um eine Quetschgefahr beim manuellen Aussortieren auszuschließen.

- Paßziegel setzen: Die Rasterung der Maueröffnungen und der Maße der Einbaukomponenten sowie die Verwendung standardisierter, vorgefertigter Paßziegel reduziert die erforderlichen Steinsägevorgänge und damit die Gesundheitsgefährdungen durch Lärm und Staub.

- Bewehren: Da die vollautomatisch gerichteten, geschnittenen und gebogenen Armierungseisen am Arbeitsplatz bereitgestellt werden, entfallen die unfallträchtigen und körperlich belastenden Holvorgänge. Da die Baustahl-Biege- und Schneidmaschine auch den Abstandshalter aufschießt, entfällt auch diese bislang manuell durchgeführte Tätigkeit. Die übersichtliche Bereitstellung der Stähle in dafür eingerichteten Fächern am Arbeitsplatz mindert die Beengung der Arbeitsplatzverhältnisse und erleichtert den Zugriff. Inwieweit die Auskleidung der Fächer mit Gummi einen ausreichenden Schutz vor Lärmbelastungen bietet, wird sich in der Praxis zeigen. Gegebenenfalls schlägt Reinartz als weitere Lärmdämpfungsmaßnahme eine Lärmkapselung der Bewehrungsstation vor. Gegenüber der alten Fertigung stellen die Überwachung der automatisch arbeitenden Bewehrungsanlage und die Bedienung des der Station zugewiesenen Krans neue Aufgaben dar.

- Vergießen: Durch die fugengenaue Einbringung des Vergußmörtels wird der körperlich anstrengende Vorgang der Feinverteilung entlastet. Die belastungsintensive Arbeit mit der Rüttelbirne entfällt durch das Rütteln der gesamten Fertigungspalette auf speziellen Rüttelböcken. Die Lärmbelastung durch diesen Vorgang ist durch die fundamentseitige Separierung der Rüttelböcke, durch die Begrenzung der hohen Rüttelfrequenzen (frequenzgesteuertes Rütteln) und durch eine verfahrensbedingt mögliche Reduzierung der Rüttelzeit eingegrenzt. Da die Arbeitsplätze in der Betonierstation eingehaust sind, sind die dort tätigen Personen von ihren Arbeitskollegen räumlich getrennt. Zu überlegen ist, ob dieser Nachteil durch arbeitsorganisatorische Maßnahmen (wechselnde Besetzung dieser Arbeitsplätze) auszugleichen ist.

- Trocknen: Da der Bereich der Trockenkammern räumlich umschlossen und gegenüber den Arbeitsplätzen in der Fertigungshalle wärmegedämmt ist, entfallen die Belastungen durch die bislang eingesetzten, direkt an den Fertigungstischen aufgestellten Propangas-Wärmestrahler. Durch die Verfahrensumstellung erübrigen sich auch die kritischen Punkte der Propangaslagerung.

- Putzen, Strukturieren: Der Putzvorgang im liegenden Zustand der Wandtafel hat sich gegenüber der alten Fertigungsmethode als solcher kaum geändert. Die Belastungen durch das Arbeiten in kniender Haltung entfallen jedoch in Zukunft. Zum Abziehen und Verfilzen werden künftig leichte Handgeräte eingesetzt, die den Arbeitsvorgang erleichtern. Das stehende Verputzen der zweiten Wandseite bringt keine nennenswerten Zusatzbelastungen mit sich. Durch die verfahrbare Arbeitsbühne sind Zwangshaltungen beim Arbeiten erheblich reduziert.

- Kippen, Anschlagen, Krantransport: Da die Tafeln zukünftig nicht mehr von einer Leiter aus angeschlagen werden, sondern von einer Bedienbühne aus, entfallen die bislang gegebenen Unfallrisiken. Da der Krantransport in Zukunft automatisch und funkgesteuert erfolgt, der Transportweg ausreichend breit angelegt ist, und die Lasten nicht über Arbeitsplätze hinweg transportiert werden, werden Gefahrensituationen entscheidend abgebaut.

7 Belastungsreduzierende Innovationen im Montage- und Ausbauprozeß

7.1 Ausgangssituation

Gegenüber der Arbeit in der Fertigungshalle zeichnet sich die Montage- und Ausbauarbeit auf der Baustelle durch spezifische Belastungen aus, die auch sonst im Baugewerbe üblich sind. Unterscheidet man nach Udris und Frese [29] die Stressoren am Arbeitsplatz allgemein

- in solche, die in der Arbeitsaufgabe begründet sind (wie beispielsweise Über- und Unterforderung),
- in physikalische Stressoren (z.B. Lärm, Schmutz),
- in Stressoren in der zeitlichen Dimension (Nachtarbeit gegen den physiologischen Tagesrhythmus),
- und in Stressoren in der sozialen und organisationalen Situation (z. B. Rollenkonflikte),

so kommt im Fall der Baustellenarbeit gerade Belastungen aus der letzten Abteilung eine besondere Bedeutung zu. Die Entfernung der Einsatzorte vom Wohnort bringt es häufig mit sich, daß die Beschäftigten während der Arbeitswoche nicht nach Hause fahren können und auswärts am jeweiligen und wechselnden Einsatzort übernachten müssen. Mit jedem Wechsel der Einsatzorte stellt sich die Notwendigkeit der Umstellung auf und der Anpassung an die neue Situation. Aus diesen Anforderungen des Berufslebens können Rollen- und Zielkonflikte entstehen, wenn sie sich nicht mehr mit den Erwartungen der Familie und mit den eigenen Ansprüche an ein geregeltes Privatleben in Einklang bringen lassen. Daß den aus diesen Konfliktsituationen erwachsenden psychischen Belastungen erhebliches Gewicht zuzumessen ist, ergibt sich aus der Einschätzung der Mitarbeiter, die die Arbeitsplätze auf der Baustelle gegenüber denjenigen in der Vorfertigung allgemein als minder attraktiv bewerten und dabei auf die langen Trennungszeiten als wesentlichen Gesichtspunkt verweisen. Zusätzliche körperliche Belastungen ergeben sich im Montagebereich aus Witterungseinflüssen, aus Umgebungseinflüssen wie Staub und Lärm, die sich auf der Baustelle nicht in optimaler Weise eingrenzen lassen, aus durch die Arbeitsumstände erzwungenen, ergonomisch ungünstigen Arbeitspositionen, aus dem Umgang mit gefährlichen Werkstoffen und aus sanitären und hygienischen Unzulänglichkeiten.

7.2 Auswirkungen des umgesetzten Fertigungskonzepts

Angesichts der baustellenspezifischen Belastungsmomente in der Montage- und Ausbauarbeit muß die schon in der Vergangenheit praktizierte und durch die Verfahrensumstellung vorangetriebene Verlegung von Arbeitsgängen in die Werkshalle als selbständige Komponente des Belastungsabbaus angesehen werden. Dieser Belastungsabbau durch Erhöhung des Vorfertigungsgrades schließt insbesondere auch den Abbau der Belastungen durch lange Abwesenheitszeiten ein, da der Zeitanteil der Baustellenarbeit an der Gesamtfertigungszeit sinkt.

Große Bedeutung ist in diesem Kontext der Integration des Deckenputzes in die Vorfertigung der Deckenelemente zuzumessen. Durch das werkseitige Verputzen entfällt das extrem belastende Arbeiten über Kopf, das beim nachträglichen Verputzen der Decken bislang unvermeidlich war. Außerdem werden durch die Fertigung breiterer Decken in Zukunft weniger Kranhübe notwendig, wodurch sich die Montagearbeit auf der Baustelle weiter reduziert.

Die durch das neue Rastersystem erreichbare größere Maßgenauigkeit der Bauteile reduziert den Montageaufwand insgesamt erheblich und verringert insbesondere die auf der Baustelle anfallenden Nacharbeiten. Mit dieser Reduktion von Arbeiten, die bislang mit elektrischen und pneumatischen Schlagwerkzeugen durchzuführen und mit beträchtlichen Belastungen durch Vibrationen, Lärm und Schmutz verbundenen waren, ist ein wesentlicher Fortschritt in der menschengerechteren Gestaltung der Arbeitsplätze auf den Baustellen erreicht.

7.3 Innovationsansätze

7.3.1 Belastungsabbau durch technologische Innovationen

In Zusammenarbeit mit dem Technischen Überwachungsverein Rheinland wurden Vorschläge zur Belastungsreduzierung durch technische Hilfen im Montagebereich getestet und z.T. umgesetzt.

Zur Reduktion von Gefahrenmomenten beim Einmessen von Wandsegmenten wurde der Versuch unternommen, anstelle des bislang manuell gehandhabten, auf eine Latte aufgenagelten Zollstocks Laser-Einmeßgeräte einzusetzen. Die Erprobung der Lasergeräte ergab jedoch, daß das Aufstellen und Umsetzen der Geräte mit einem erheblichen Arbeitsaufwand verbunden ist, der den Einsatz im Einfamilien-Hausbau nicht sinnvoll erscheinen läßt. Die Montage-Gruppen werden in Zukunft mit ausziehbaren Meßlatten arbeiten.

Erfolge konnten erzielt werden bei der Entwicklung von Verbindungstechniken, die bei der Installation zum Einsatz gelangen und verschiedene belastungsreduzierende Auswirkungen mit sich bringen. So werden künftig Teile der Heizungsanlage im Werk vorgefertigt, die auf der Baustelle mittels Schraubverbindungen zusammengefügt werden. Dadurch entfallen die bislang nötigen, belastungsintensiven Schweißarbeiten. Eine erhebliche Reduktion des Montageaufwands wird möglich durch Verlegen von Zuleitungen im Ringrohrsystem. Die Herstellung von Leitungsverbindungen im Bereich der Abwasser- und Elektroinstallation mittels vorgefertigter Verbindungsstücke wirkt sich ebenfalls aufwandreduzierend aus. Allgemein ist anzumerken, daß die Entwicklung und der Einsatz dieser Verbindungstechniken erst durch die erreichte hohe Maßgenauigkeit der vorgefertigten Wandscheiben möglich wurde.

7.3.2 Belastungsabbau durch Werkstoffwechsel

Die im Rahmen des Entwicklungsvorhabens durchgeführte Erprobung von auf dem Markt vorhandener, bislang jedoch im Rötzer Unternehmen nicht eingesetzter

Werkstoffe, führte in unterschiedlichen Zusammenhängen zu dem Ergebnis, daß die Nutzung qualitativ besserer und auch teurerer Materialien interessante Ansatzpunkte für Erleichterungen und Entlastungen von Arbeitsgängen bietet und durch Senkung des Arbeitsaufwandes, insbesondere durch Reduktion der Reklamationseinsätze vor Ort auch wirtschaftlich sinnvoll ist.

So wurde der Einsatz von Formsteinen für Installationselemente erfolgreich getestet, der durch die Gewährleistung einer höheren Maßhaltigkeit die z.T. in Zwangshaltungen durchzuführenden Einbauarbeiten erleichtert. Durch die Verringerung der Fugenbreite läßt sich die Gefahr der Schwundrißbildung reduzieren und werden Nacharbeiten überflüssig.

Zu einem positiven Ergebnis führten auch Versuche mit einem neuen, hochelastischen Fliesenkleber, der ebenfalls der Bildung von Schwundrissen entgegenwirkt.

Durch die Verwendung von wasserundurchlässigem Beton bei der Vorfertigung der Beton-Kelleraußenwände, kann zukünftig auf einen zusätzlichen Isolieranstrich verzichtet werden. Durch den Wegfall dieses Arbeitsgangs verringert sich der Umfang der Baustellenarbeit.

Durch den Werkstoffwechsel zu einem lösungsmittelfreien Klebstoff für die Teppichverlegung kann in Zukunft gewährleistet werden, daß die Belastungen durch Einatmen von Lösungsmittel-Dämpfen bei diesem Arbeitsschritt entfällt.

7.3.3 Belastungsabbau durch Verbesserung der Rahmenbedingungen. EDV-gestützte Routenplanung.

Um entscheidende Fortschritte bei der Humanisierung der Baustellenarbeit zu erreichen, waren adäquate Lösungen für das zentrale Problem der außendienstlichen Tätigkeit zu finden, die langen, oft über die ganze Arbeitswoche reichenden Trennungen der Mitarbeiter von ihrem Wohnsitz und ihrer Familie.

Zur Entschärfung dieser Problematik wurde vor allem ein arbeitsorganisatorisches Konzept entwickelt, dessen zentraler Bestandteil eine Verkürzung der Arbeitswoche der Montagemitarbeiter auf vier Tage ist. Die arbeitsorganisatorischen Maßnahmen, die das Unternehmen künftig zur Belastungsreduktion im Montagebereich durchführt, werden im einzelnen im folgenden Kapitel ausgeführt.

Da der Personen- und Materialtransport zu den Baustellen einen erheblichen Zeitanteil an der im Montagebereich verrichteten Arbeit hat, wurden die Möglichkeiten ermittelt, durch eine rationellere Gestaltung des Transportsystems und eine damit gegebene Verkürzung der Transportzeiten das Problem der Trennungszeiten eingrenzen zu können. Dabei wurde eine Lösung entwickelt, das für die Bauwirtschaft insgesamt einen interessanten Innovationsansatz darstellen könnte und schon jetzt in der Branche auf Interesse gestoßen ist. (Vgl. [21]).

Die Konzeption des neuen Transportsystems ging von der Überlegung aus, daß sich durch eine Trennung des bislang zusammen durchgeführten Transports von Arbeitsmaterial, Werkzeug und Personen vom Sitz des Unternehmens zu den verschiedenen Baustellen neue Möglichkeiten eines rationelleren Einsatzes von Betriebsmitteln und Mitarbeitern, einer Senkung des für den Transport notwendigen Zeitaufwands und einer Reduktion der mit der Außendiensttätigkeit verbundenen Belastungen erschließen lassen. Vorgesehen ist in Zukunft, den Transport der Baumaterialien und der Werkzeuge in LKWs durchzuführen und getrennt davon den Personentransport in firmeneigenen PKWs. Allein durch diese Trennung werden künftig belastungsabbauende Wirkungen erzielt, die die Außendiensttätigkeit attraktiver werden lassen. Die

Belastungen der Wirbelsäule und des Knochenapparates, die längere Überland-Fahrten im Leicht-LKW mit sich bringen, sind erheblich höher als die Fahrtbelastungen im bequemen und gesundheitsfreundlich ausgestatteten PKW. Zumal sich die Fahrzeiten durch den Einsatz von PKWs deutlich senken lassen. Zudem ist mit der Trennung von Material und Personentransport die durch die Ladung gegebene Gefahrenquelle ausgeschlossen.

Die konzipierte Trennung von Material- und Personentransport war die Voraussetzung für eine grundlegende Neugestaltung des Transportwegesystems. Wurden bislang zwischen dem Sitz des Rötzer Unternehmens und den verschiedenen Baustellen zur Bewältigung der vielfältigen Transportaufgaben Sternfahrten durchgeführt, bei denen die unterschiedlichen Anforderungen des Material- und Personentransports aneinander anzupassen waren, können aufgrund der Trennung künftig Kettenfahrten durchgeführt werden, die für die jeweils spezifischen Anforderungen optimal geplant werden können. Da der Personentransport künftig nicht mehr an den aufwendigen Materialtransport und seine Routenplanung gebunden ist, kann auch der Personentransport optimiert und eine seinen spezifischen Anforderungen entsprechende Routenplanung entwickelt werden. Diese erlaubt es insbesondere dem Bedürfnis nach weniger Auswärtsübernachtungen der Mitarbeiter und einer zügigeren Anfahrt zur Außendienststelle stärker Rechnung zu tragen.

Voraussetzung für die Umsetzung dieses Transportkonzepts war die Neuentwicklung einer geeigneten Softwarelösung zur Bewältigung der komplexen Problematik. Mit dieser Entwicklung hat das Rötzer Unternehmen einen innovativen Schritt vollzogen, der in seiner Bedeutung weit über die spezifische Transportproblematik des Unternehmens hinausgeht und der der Lösung von Bauablauf- und Speditionsproblemen verallgemeinerbare Perspektiven weist.

Diesen umfassenden Charakter hat die entwickelte Softwarelösung angenommen, da frühzeitig erkannt wurde, daß wegen vielfältiger Interdependenzen die Transportproblematik nur auf der Grundlage einer die gesamte Bauablaufplanung einbeziehenden Gesamtlösung rationell zu bewältigen ist. Grundfunktionen der EDV-Lösung sind

- Auftragsterminierung: Die Aufträge lassen sich unter Berücksichtigung aller den Zeitplan beeinflussenden Faktoren und Randbedingungen vom Baubeginn nach vorne und vom geplanten Zeitpunkt der Baufertigstellung nach rückwärts terminieren. Dadurch lassen sich für die einzelnen Arbeitsgänge der frühest und der spätest mögliche Zeitpunkt ermitteln. Die Bauaufträge können dabei beliebig in einzelne Arbeitsgänge aufgelöst werden.

- Einsatzplanung der Arbeitsgruppenkapazität: Der Umfang der einzelnen Arbeitsgänge wird nach Mannstunden definiert. Auf dieser Grundlage werden die Kapazitäten der Arbeitsgruppen optimal verplant. Dabei können die Kapazitäten der Arbeitsgruppen variabel definiert werden, um Urlaubs und Krankheitszeiten in der Einsatzplanung berücksichtigen zu können.

- Verwaltung der Betriebsmittel: Die Betriebsmittel (Maschinen, Gerüste, Werkzeuge etc.) werden automatisch oder manuell den einzelnen Arbeitsgängen bzw. den Arbeitsgruppen zugeordnet und danach Bedarf und Kapazitätsauslastung optimal geplant.

- Einbeziehung von Subunternehmern: Bei ermittelten Kapazitätsengpässen (der Arbeitsgruppen bzw. der Betriebsmittel) wird die Tätigkeit von Subunternehmern eingeplant und deren Auftragsvolumen definiert.

- Transport- und Routenplanung: Das System berücksichtigt bei der Planung auf Grundlage der für alle Fahrzeuge spezifizierten Transportleistung die Transportkapazität des Unternehmens. Der Transportbedarf läßt sich zeitlich nach maximalen Liegezeiten (z.B. für Material oder Bauschutt) spezifizieren, um ein Verrotten des Transportguts auszuschließen. Der Transfer von Betriebsmitteln und Material wird als Weitertransport von Baustelle zu Baustelle geplant. Um die Länge der Fahrten zu minimieren geht die Routenplanung von einer Gebietsaufteilung aus und plant die Materialzustell- und Arbeitsgruppentouren bevorzugt innerhalb eines der festgelegten Gebiete. Durch Eingabe einer maximalen Tourenlänge wird gewährleistet, daß nur Tagestouren vorgeschlagen werden.

Mit dem entwickelten Routenplanungssystem sind nicht nur die bereits aufgeführten belastungsreduzierenden Auswirkungen auf die Mitarbeiter, die auf der Baustelle eingesetzt sind, verbunden. Sein Einsatz ist mittlerweile wirtschaftlich erprobt und ermöglicht dem Rötzer Unternehmen Kosteneinsparungen im Transportsektor von ca. 10 bis 15 Prozent.

8 Arbeitsorganisatorische Gesamtkonzeption

Für die folgenden beiden Kapitel ist vorweg zu bemerken, daß zum Zeitpunkt des Abschlusses der vorliegenden Veröffentlichung das neue Werk der Fa. Ziegelmontagebau Winklmann gerade in Betrieb genommen wird. Die vorgesehenen arbeitsorganisatorischen Maßnahmen zur Belastungsreduzierung und das Qualifizierungskonzept des Unternehmens sind daher noch nicht vollständig umgesetzt. Die endgültigen Auswirkungen der arbeitsorganisatorischen und qualifizierenden Maßnahmen sind daher derzeit noch nicht vollständig abzusehen und deswegen auch noch nicht abschließend zu beurteilen. Die folgenden Ausführungen schildern daher die angestellten Überlegungen zur künftigen Arbeitsorganisation und Mitarbeiterqualifizierung. Die alternativen Möglichkeiten, die auf diesen Gestaltungsfeldern herausgearbeitet wurden, wurden im Rahmen des Forschungsprojekts experimentell erprobt und unter Einbeziehung der Mitarbeiter durchgesprochen und diskutiert. Soweit aus diesen Experimenten und Diskussionen erkennbar, können daher auch begründete Fortschritte im Abbau von Arbeitsbelastungen dargelegt werden.

8.1 Neue Ausgangspunkte der organisatorischen Gestaltung der Arbeit

Die Entwicklung belastungsreduzierender Formen der Arbeitsorganisation im Rahmen einer ganzheitlichen Gestaltung des Fertigungsverfahrens und der Arbeitsverhältnisse hatte neben einer Reihe von Detailaufgaben folgende, in besonderer Weise relevante Aspekte zu berücksichtigen:

- Grundlegende und die verschiedenen Unternehmensbereiche (Planung, Arbeitsvorbereitung, Fertigungsablauf, Logistik etc.) betreffende Änderungen der künftigen Arbeitsorganisation werden durch die Umstellung auf softwaregestützte Prozeßabläufe iniziiert. Die technisch realisierte, unmittelbare Verknüpfung von Bauplanung, Arbeitsvorbereitung, Fertigung, Transportsystem und Montageablauf stellt eine strukturelle Innovation des unternehmerischen Gesamtprozesses dar, die neue organisatorische Formen sowohl ermöglicht als auch bedingt.

- Der EDV-Einsatz und die technologischen Innovationen zur Mechanisierung und Automatisierung der Fertigung haben weitreichende Konsequenzen für die künftigen Arbeitsinhalte und für die Arbeitssituation an den teils neu entstandenen teils modifizierten Arbeitsplätzen. Sie stellen daher an die Arbeitsorganisation neue Anforderungen und lassen neue Wege des Belastungsabbaus durch organisatorische Maßnahmen, insbesondere durch neue Formen der innerbetrieblichen Arbeitsteilung erkennen.

- Die arbeitsorganisatorischen Konzepte hatten sowohl der unternehmerischen Prämisse einer 70prozentigen Kapazitätsausweitung zu genügen als auch die schwierigen Arbeitsmarktverhältnisse zu berücksichtigen, die einer freien Personalbedarfsplanung durch ein begrenztes Angebot an ausgebildeten Fachkräften Grenzen setzt.

Auszugehen war daher primär vom bisherigen Mitarbeiterstamm, der weder durch Entlassungen noch durch Überarbeit zusätzlich belastet werden sollte.

8.2 Personalbedarf und Arbeitszeitregelung

Die Gesamtbetrachtung des bisherigen und des künftigen Personalbedarfs zeigt, zunächst ohne Berücksichtigung der Qualifikationsstruktur, daß die Umstellung auf das neue Fertigungsverfahren mit einer absoluten Vergrößerung des Personalbedarfs einhergeht, die in der geplanten Kapazitätsausweitung begründet ist und darin, daß in dem neuen Ziegelmontagewerk künftig auch Decken gefertigt werden. Durch die rationelleren Fertigungsmethoden fällt dieser zusätzliche Personalbedarf gleichzeitig relativ geringer aus als die Ausweitung der Fertigungskapazität. In Zukunft werden in der Fertigung 50 – 55 Mitarbeiter benötigt, gegenüber 38 Mitarbeitern bislang.
Sichergestellt ist dadurch, daß keiner der bisherigen Mitarbeiter durch die Umstellung seinen Arbeitsplatz verlieren wird. Geschaffen wurden stattdessen in der Werksfertigung zusätzliche Arbeitsplätze, die in ihrer technischen Ausstattung dem Vergleich mit der Arbeitssituation in anderen Industriebranchen standhalten und deren Attraktivität aufgrund der durchgeführten belastungsreduzierenden Maßnahmen auch von den Mitarbeitern höher bewertet wird als die von konventionellen Arbeitsplätzen in der Bauwirtschaft.
Durch die Verlagerung von Fertigungsschritten von der Baustelle ins Werk, durch verfahrensbedingten Wegfall von Arbeitsgängen (z.B. entfallen in Zukunft die Tapezierarbeiten auf der Baustelle) und durch die produktivitätssteigernden Effekte der besprochenen Verfahrensänderungen im Montagebereich, wird es in Zukunft möglich werden, den Umfang der belastungsintensiven Baustellentätigkeit zu reduzieren und somit das Verhältnis zwischen der Anzahl der Arbeitsplätze im Werk und im Außendienst insgesamt günstiger zu gestalten. Die Größenordnung, in der sich das Verhältnis von Vorfertigungs- und Montagearbeit verschieben wird, ist derzeit allerdings noch nicht absehbar.

8.2.1 Abbau von Überstunden durch Zweischichtbetrieb

Bedingt durch die mit einem beträchtlichen Investitionsaufwand geschaffenen und daher auch optimal zu besetzenden Arbeitsplätze ist die Einführung des Zweischichtbetriebs unvermeidlich geworden, der gegenüber dem bisher eingerichteten Einschichtbetrieb zweifelsohne einen neu hinzukommenden Belastungsfaktor darstellt.
Dieser zusätzliche Belastungsfaktor muß jedoch zum einen ins Verhältnis gesetzt werden zu den belastungsreduzierenden Maßnahmen, die durch die innovative Gesamtlösung erst möglich geworden sind. In diesem Zusammenhang betrachtet relativiert sich die Mehrbelastung durch den Schichtbetrieb, zumal auf die Einführung von Nachtschichten verzichtet wurde und damit die besonders belastungsintensive Komponente der Schichtarbeit (vgl. [30]) nicht zur Debatte stand.
Zum anderen ergab sich in der Diskussion mit den betroffenen Mitarbeitern, daß die Einführung des Schichtbetriebs durchaus auch mit Vorteilen gegenüber der alten Arbeitszeitregelung verbunden ist. Durch die Einführung des Zweischichtbetriebs kann in Zukunft die erhebliche Belastung durch Überstunden abgebaut werden und in dieser Hinsicht den Freizeitbedürfnissen der Mitarbeiter besser entsprochen werden.

Zur Minimierung der verbleibenden Belastungen wird bei der zeitlichen Festlegung der Schichten auf den Vorschlag der Mitarbeiter eingegangen, die erste Schicht erst zwischen 5 und 6 Uhr beginnen zu lassen, um zu gewährleisten, daß Zusatzbelastungen durch erzwungenes Abbrechen der nächtlichen Tiefschlafphase umgangen werden. Für den mit dem Schichtbetrieb verbundenen Nachteil, daß sich für die Besetzung der zweiten Schicht der Beginn des Wochenendes nach hinten verschiebt und damit die Koordination der individuellen Freizeitplanung mit der Familie und dem sonstigen sozialen Umfeld erschwert wird, wurde eine arbeitsorganisatorische Lösung gesucht. Durch eine wöchentlich rotierende Schichtbesetzung wird für eine Verteilung der Belastung auf alle Mitarbeiter gesorgt und verhindert, daß einzelne Mitarbeiter von dem angesprochenen Nachteil des Schichtbetriebs in besonderem Maße betroffen sind.

8.2.2 Verkürzung der Arbeitswoche im Montagebereich

Durch zahlreiche (bereits abgehandelte) Verfahrensänderungen und Einzelmaßnahmen konnten für die Arbeit im Montagebereich entscheidende Vereinfachungen und Entlastungen durchgesetzt und damit wichtige Fortschritte bei der menschengerechten Arbeitsgestaltung erzielt werden. Das für die Arbeit im Montagebereich bedeutsame Problem der langen Trennungszeiten und der Auswärtsübernachtungen konnte jedoch durch die Verfahrensänderungen (Umstellung der Routenplanung und des Transportsystems) nur teilweise entschärft werden.

Hier bestand also nach wie vor Änderungsbedarf, der durch die Einführung der 4-Tage-Woche im Montagesektor angegangen wurde. Durch diese Verkürzung der Arbeitswoche werden die Trennungsperioden eingeschränkt und die Anzahl der Auswärtsübernachtungen verringert. Gleichzeitig verlängert sich für die Mitarbeiter das Wochenende um einen Tag. Die Attraktivität der Arbeitsplätze im Montagebereich konnte dadurch erheblich gesteigert werden. Dies zeigen u.a. Untersuchungen von Schichtplänen, aus denen hervorgeht, daß eine Verkürzung der Arbeitswoche i.d.R. auch unter der Voraussetzung einer Verlängerung der täglichen Arbeitszeit als Vorteil empfunden wird (vgl. [20]).

8.3 Innerbetriebliche Arbeits- und Aufgabenteilung

8.3.1 Gruppenarbeit in der Werksfertigung

In der Fertigung boten sich verschiedene Modelle der innerbetrieblichen Arbeitsteilung an, die im Hinblick auf eine mitarbeiterfreundliche Gestaltung der Aufgabeninhalte, auf ihre jeweiligen Auswirkungen auf Motivation und Leistungsbereitschaft und unter den Gesichtspunkten eines störungsfreien Fertigungsablaufs vor allem auch bei dem anstehenden Strukturübergang zu prüfen waren. Als arbeitsorganisatorische Alternativen wurden entwickelt:

- Eine starre Zuordnung der Mitarbeiter zu den einzelnen Arbeitsstationen;
- die rotierende Besetzung der Arbeitsstationen im täglichen, wöchentlichen oder monatlichen Rhythmus;
- die Arbeit in Fertigungsgruppen, die alle aufeinanderfolgenden Arbeitsschritte durchführen, wobei unterschiedliche Formen der Aufgabenteilung innerhalb der Fertigungsgruppen denkbar sind (starr, wechselnd);

- teilautonome Fertigungsgruppen, die die Arbeitsteilung innerhalb der Gruppe selbständig und eigenverantwortlich organisieren.

Die Analyse zeigte, daß die verschiedenen arbeitsorganisatorischen Modelle unter dem Aspekt der menschengerechten Arbeitsgestaltung unterschiedlich zu beurteilen sind und von unterschiedlichen Realisierungsbedingungen abhängig sind.

Die starre Zuordnung geht einher mit einer starken Spezialisierung des Tätigkeitsbereichs der einzelnen Mitarbeiter. Die Qualifizierungsanforderungen und die Anforderungen an die Eigenverantwortung der Mitarbeiter sind bei dieser Form der innerbetrieblichen Arbeitsteilung durch die inhaltlich begrenzte und klare Aufgabendefinition am geringsten und so ist diese Form – gerade auch unter der zutreffenden Voraussetzung eines Mangels an qualifizierten Arbeitskräften – am einfachsten zu realisieren. Der Vorteil der klaren Aufgabenteilung ist jedoch verbunden mit nicht wünschenswerten Auswirkungen auf die Arbeitsinhalte. Durch ihre Festlegung auf spezialisierte Tätigkeiten wird die Arbeit zur monotonen Wiederholung einfacher Arbeitsschritte. Eine solche Arbeit ist nicht nur mit erheblichen Belastungen psychischer Natur verbunden. Der für den Arbeiter uninteressante Arbeitsinhalt läßt negative Auswirkungen auf die Arbeitsmotivation und Leistungsbereitschaft erwarten und ist somit letztlich auch unter dem Gesichtspunkt der Arbeitsproduktivität nicht zu befürworten.

In Erwägung gezogen wurde daher eine rotierende Besetzung der Arbeitsstationen, durch die sich diese Nachteile z.T. kompensieren lassen. Der Arbeitsinhalt wird durch die – wenn auch nur in längeren Zeitperioden – wechselnden Tätigkeiten vielseitiger und interessanter. Besonders belastungsintensive Arbeitsplätze (z.B. in der Betonierstation) lassen sich durch eine Besetzung im Rotationssystem und die damit gegebene Belastungsaufteilung erträglicher gestalten. Diese Form der Arbeitsteilung setzt jedoch voraus, daß die Mitarbeiter für die Tätigkeiten an den verschiedenen Arbeitsstationen qualifiziert sind.

Anspruchsvoller gerade im Hinblick auf eine menschengerechte Arbeitsgestaltung ist die Konzeption von Fertigungsgruppen, die den gesamten Prozeß der Fertigstellung des Produkts vollziehen. Diese Organisationsform gestattet eine ganzheitliche Gestaltung der Arbeit mit abwechslungsreichen Inhalten und fördert die Identifizierung mit dem Endprodukt. Die Arbeit in der Gruppe mobilisiert außerdem die Eigenverantwortlichkeit der Mitarbeiter. Die Attraktivität dieser Organisationsform geht nicht zuletzt aus den Stellungnahmen von Mitarbeitern hervor, die mit der Gruppenarbeit ihre Erfahrungen machen konnten. Die erfolgreiche Umsetzung dieser Organisationsform ist ebenfalls in hohem Maße vom Qualifikationsniveau der Gruppenmitglieder, insbesondere von den Führungsqualitäten eines kompetenten Vorarbeiters abhängig. Im Unterschied zum Rotationssystem bietet jedoch die Arbeit in Fertigungsgruppen den Vorteil, daß die Gruppenarbeit selbst qualifizierende Funktionen erfüllt.

Eingedenk der Priorität einer möglichst störungsfreien Umstellung des Fertigungsprozesses auf die neue Verfahrenstechnik und auf den Schichtbetrieb wurde daher ein Phasenplan entwickelt mit dem Ziel, die Arbeit in der Werksfertigung auf lange Sicht von flexiblen Fertigungsgruppen durchführen zu lassen, die in möglichst hohem Grade ihre Tätigkeit selbst organisieren. Die Vorteile dieser Organisationsform sowohl im Hinblick auf eine mitarbeiterfreundliche Arbeitsgestaltung als auch im Hinblick auf die betrieblichen Erfordernisse einer wirtschaftlichen und qualitativ anspruchsvollen Fertigung sind durch die Erfahrungen der Fa. Ziegelmontagebau Winklmann mit Fertigungsgruppen im alten Werk hinreichend belegt.

Da die Umstellung mit neuen Qualifizierungsanforderungen einhergeht, sollen die Mitarbeiter schrittweise zur flexiblen Gruppenarbeit befähigt werden. Dieses Ziel macht zunächst eine starre Zuordnung der Mitarbeiter zu den Arbeitsstationen notwendig, die dann schrittweise in ein Rotationssystem und schließlich in die Gruppenfertigung überführt werden soll.

8.3.2 Experimentelle Erprobung von gemischten Montagegruppen

Im Bereich der Montage, in dem bislang fachspezifische, voneinander weitgehend unabhängige Montagekolonnen tätig waren, wurden ebenfalls Versuche mit Teamarbeit unternommen. Ausgangspunkt war hier die Erfahrung, daß die Organisationsform der Arbeitskolonnen gelegentlich Koordinationsprobleme mit sich brachte, da sich die jeweilige Arbeitskolonne nur für den von ihr durchzuführenden Arbeitsschritt, nicht jedoch für das Gesamtprodukt zuständig und verantwortlich fühlte. (Vgl. [20], S. 66).
Es wurde daher mit gemischten Gruppen experimentiert, die mit Fachkräften für die verschiedenen Rohbauarbeiten besetzt sind und als Gruppe den Rohbau vollständig erstellen. Auftretende Schwierigkeiten bei der Realisierung dieses Modells waren vor allem auf Qualifikationsdefizite der Gruppenmitglieder zurückzuführen. Daher wurde die Funktion eines Koordinators besetzt, der in allen Sparten des Betriebs kompetent ist und die Aufgabe hat, die Gruppen vor Ort zu schulen, um die bestehenden Defizite zu beseitigen. Für ein abschließendes Urteil über den Erfolg dieses Modells ist es derzeit noch zu früh, da der Versuch noch nicht abgeschlossen ist. Es zeichnet sich jedoch ab, daß die anfangs bestehenden Schwierigkeiten durch den Einsatz des Koordinators abzubauen sind. Sollte sich dies bestätigen, wäre mit den gemischten Gruppen für die Baustellenarbeit ein realisierbares, für die gesamte Baubranche interessantes Organisationsmodell entwickelt, das die Tendenz zur Taylorisierung der Arbeit aufhebt, den Inhalt der Arbeit von der monotonen Detailtätigkeit auf einen am Gesamtprodukt orientierten, ganzheitlichen Kreis von Tätigkeiten zurückführt und somit die Identifikationsmöglichkeiten der Mitarbeiter mit den von ihnen geschaffenen Produkten fördert.

8.3.3 Arbeitsteilung unter soziologisch relevanten Kriterien

In den Diskussionen mit den Mitarbeitern über die Umstellung der Fertigungsstruktur, die Auswirkungen auf die Arbeitsplätze in der Werksfertigung und im Montagebereich und über die arbeitsorganisatorische Planung konnte die wichtige Erkenntnis herausgearbeitet werden, daß die unterschiedlichen Anforderungen, die die neue Gesamtkonzeption mit sich bringt, von den Mitarbeitern individuell unterschiedlich beurteilt und bewertet werden. Im Einzelnen ließen sich dabei folgende Ergebnisse festhalten:

- Die Arbeit im Montagebereich wird insbesondere von Mitarbeitern mit eigener Familie als besondere Belastung empfunden.

- Die Umstellung auf den Zweischichtbetrieb wird von älteren Mitarbeitern als erhebliche Zusatzbelastung bewertet; Mitarbeiter, die einer landwirtschaftlichen Nebentätigkeit nachgehen, sehen in dieser Umstellung die Chance einer günstigeren Zeiteinteilung.

- Die Umstellung auf Arbeitsplätze mit neuen Qualifizierungsanforderungen wird vor allem von älteren Mitarbeitern als zusätzliche Belastung erfahren.

Es wurde daher ein Modell der "Sozialrotation" für die Besetzung der Arbeitsplätze entwickelt mit dem Ziel, diese Bewertungen weitgehend zu berücksichtigen und dadurch Belastungen zu minimieren. Das Modell sieht vor

- die Arbeitsplätze im Montagebereich vor allem an jüngere Mitarbeiter zu vergeben;
- die Arbeitsplätze in der Werksfertigung vornehmlich mit familiär gebundenen Mitarbeitern zu besetzen;
- ältere Mitarbeiter in der Sonderfertigung zu beschäftigen und sie von der belastungsintensiveren Schichtarbeit auszunehmen.

Die in der alten Werksfertigung bereits gemachten Erfahrungen mit Fertigungsgruppen ließen zudem erkennen, daß die gewachsenen Gruppenbindungen einen erheblichen Einfluß auf das Funktionieren der Teamarbeit haben. Daraus wurde die Konsequenz gezogen, die sozialen Gruppenstrukturen möglichst aufrechtzuerhalten und als Kriterium der Arbeitsplatzbesetzung zu berücksichtigen.

8.3.4 Neue Kompetenzaufteilung in der Baubetreuung

In der bisherigen Organisationsstruktur fungierten die Bauleiter neben ihrer eigentlichen Aufgabe, der Beaufsichtigung der Baudurchführung, auch als Adressaten für Kundenwünsche. Die daraus erwachsende Doppelbelastung der Bauleiter, die sich zusätzlich zu ihren Sachaufgaben mit Fragen und Änderungswünschen der Hauskäufer zu befassen hatten, führte zu einer beständigen Ablenkung von ihrer eigentlichen Funktion.
Es wurde daher das Konzept einer Kompetenzaufteilung entwickelt, das die Einführung von Projektmanagern vorsieht, die als direkte Ansprechpartner und Berater der Kunden fungieren und dadurch die Bauleiter von der Pflege der Kundenkontakte entlasten. Die aus den Kundenkontakten folgenden, konkreten Anweisungen sollte die Bauleitung vom Projektmanagement erhalten.
Bei der Erprobung dieses Konzepts stellte es sich als Hauptschwierigkeit heraus, daß sich die Kunden trotz der Einrichtung des Projektmanagements weiterhin an die Bauleitung wandten. Dieses Problem konnte bislang nicht befriedigend gelöst werden. Die konzipierte Funktionsaufteilung weist dennoch grundsätzlich in die richtige Richtung, da die Entlastung der Bauleitung im Hinblick auf die störungsfreie Bewältigung ihrer eigentlichen Sachaufgaben notwendig ist und einen entsprechenden Handlungsbedarf begründet. Hier wird weiter nach einer befriedigenden Lösung zu suchen sein.

9 Qualifizierungskonzept

9.1 Ausgangspunkt: Neue Arbeitsanforderungen

Aus der Strukturumstellung der Werksfertigung ergeben sich neue Arbeitsinhalte und damit neue Qualifikationsanforderungen an und neue Qualifizierungschancen für die Mitarbeiter. Ein unter dem Gesichtspunkt der Arbeitsanforderungen gezogener Vergleich des bisherigen und des erwarteten Personalbedarfs – Erkenntnisse über den Grad der Auslastung an den einzelnen Arbeitsplätzen, die der laufende Betrieb vermittelt, können hier noch zu Veränderungen führen – läßt eine Unterscheidung der Arbeitsplätze in drei Kategorien zu.

- Arbeitsplätze mit im wesentlichen gleichbleibenden Aufgaben, die ohne oder mit nur geringem zusätzlichen Qualifizierungsaufwand zu besetzen sind.

- Arbeitsplätze mit zwar ähnlicher Aufgabenstellung, die jedoch neue Fertigkeiten verlangen und daher Qualifizierungsmaßnahmen notwendig machen.

- Qualitativ neue Arbeitsplätze, die eine neue, im Betrieb bislang nicht vorhandene Qualifikation verlangen.

Die folgende Tabelle bezieht diese kategoriale Unterscheidung auf die einzelnen, funktionell definierten Arbeitsstationen und gibt einen Überblick über die erforderliche Qualifizierungsstruktur des Personals.

Tabelle 9.1: Personalbesetzung
(entnommen aus: [20], S. 48 f.)

Pos.	Haupttätigkeit	Nebentätigkeit	Anzahl MA		Qualifikation
			1. Schicht	2. Schicht	
1	Schichtverantwortlicher (Leitstand)	–	1	1	Meister
2	Elektroniker	Springer Ziegelsetzmaschine, Wartungsarbeiten, Elektro			
3	Ziegelsetzmaschine		1	1	Elektriker
4	Betonverteiler-Maschine Betonierstation	Reinigen BV Kübelbahn Reinigen Mischer	1 1	1 1	Schlosser Betonbauer
5	Kran CTI		1	1	Facharbeiter

Pos.	Haupttätigkeit	Nebentätigkeit	Anzahl MA		Qualifikation
			1. Schicht	2. Schicht	
6	Kran Schminke	Schalungstransport Transport Putz	1	1	Facharbeiter
7	Verladekran	Ausfuhrwagen Innenlader	2	2	Facharbeiter Fahrer
8	Mischer	Kran Sonderteile	1		Elektriker
9	Schalen	Bedienung Kran 500 kg, Schalen, Decke	2	2	Betonbauer Facharbeiter
10	Paßziegel/ Einbauteile	Paßziegel schneiden	2	2	Betonbauer Facharbeiter
11	Bewehren	Einbauteile einbauen	2	2	Betonbauer Facharbeiter
12	Vorarbeiter für Pos. 9/10/11	Qualitätskontrolle Springer	1	1	Vorarbeiter
13	Putzen, Glätten, Strukturieren (liegend)		3		Maurer Maurer Facharbeiter
14	Entschalen	Schalung reinigen, Kipptisch bedienen, CTI, Kran anschlagen	3	2	Facharbeiter Helfer
15	Putzen hängend	Laibungen putzen, finishen	3		Maurer Maurer Maurer
16	Fenster einbauen	Rollos einbauen finishen	1		Schreiner
17	Sanitärinstallation vorbereiten		1		Installateur
18	Schlosser	Springer, Anfertigen von Einbauteilen	1		Schlosser
19	Eisenflechter		1		Betonbauer
20	Staplerfahrer		1	1	Staplerfahrer
21	Produktion Sonderteile		4		Betonbauer Facharbeiter
22	Betonprüfer		1		Betonbauer (Betonprüfer)

Entscheidenden Anteil an der Herausbildung der neuen Qualifikationsanforderungen haben

- die EDV-gestützte Erstellung der Arbeitsunterlagen, die aufgabenbezogene Detailzeichnungen, Materiallisten und Gliederungen der einzelnen Arbeitsschritte enthalten, den Arbeitsprozeß in bislang nicht gekanntem Ausmaß vorplanen und den Arbeitsablauf entscheidend bestimmen;
- der hohe Mechanisierungs- und Automatisierungsgrad der Produktion mit prozeßgebundenen Tätigkeitsabläufen;
- die arbeitsorganisatorische Konzeption der Teamarbeit in der Werksfertigung und im Montagebereich.

Aus diesen Faktoren leiten sich folgende zusätzliche Qualifizierungsanforderungen und -inhalte ab:

- Fähigkeit zum Lesen und Verstehen der Planungsunterlagen,
- arbeitsplatzbezogene Kenntnisse von Verfahrens- und Arbeitsabläufen,
- arbeitsplatzbezogene Fertigkeiten in der Bedienung und Steuerung mechanischer Hilfen,
- Überwachung und Störungsbehebung automatisch gesteuerter Prozesse,
- Übernahme von Führungsaufgaben in den Arbeitsgruppen.

9.2 Qualifizierungsstrategie

Bei der Entwicklung einer tragfähigen Qualifizierungsstrategie hatte die Fa. Ziegelmontagebau Winklmann einerseits der branchentypischen Arbeitsmarktsituation Rechnung zu tragen, die geprägt ist durch einen beständigen Mangel an ausgebildeten, qualifizierten Fachkräften. Andererseits war zu berücksichtigen, daß die allgemeine Problematik, über den Arbeitsmarkt die benötigten höher qualifizierten Mitarbeiter zu gewinnen, durch die spezifischen Umstände des Unternehmens in seiner ländlichen regionalen Randlage noch verschärft ist.
Es war daher eine Qualifizierungsstrategie zu entwickeln, die primär und so weitgehend wie möglich darauf gerichtet sein mußte, durch Einsatz der eigenen Potenzen des Unternehmens und durch geeignete interne Qualifizierungsmaßnahmen eine Höherqualifizierung des vorhandenen Mitarbeiterstamms zu erreichen. In diesem Kontext wurden zwei Strategieziele formuliert:

- Einbindung der Facharbeiter mit Berufsausbildung in Führungsaufgaben vor allem im Hinblick auf die Arbeitsgruppen. Dabei wird als entscheidende Voraussetzung auf die fachliche Kompetenz der Mitarbeiter gesetzt, die durch interne Schulung dazu befähigt werden, die Position von Gruppenführern und Teammanagern einzunehmen. Diese Höherqualifikation schließt, sowohl die Befähigung zur Bewältigung organisatorischer Aufgaben ein, wie z.B. das Koordinieren, Delegieren und Kontrollieren der von der Arbeitsgruppe durchzuführenden Arbeiten, als auch die Befähigung zur Wissensvermittlung und zur motivierenden Unterstützung von Lernprozessen innerhalb der Gruppe. Durch die Übernahme von Führungspositionen werden sich damit auch die Arbeitsinhalte für die Facharbeiter entsprechend modifizieren.

- Heranführung ungelernter und berufsfremder Arbeiter an den Tätigkeitsbereich von Facharbeitern. Die Realisierung dieses Strategieziels, das für diese Mitarbeitergruppe die Chance enthält, den Status eines qualifizierten, angelernten Arbeitnehmers zu erlangen, hängt einerseits in starkem Maße von den technischen und organisatorischen Umstellungen der Prozeßabläufe ab, die in vielen Tätigkeitsbereichen zu einem Abbau von Komplexität und zur Vereinfachung von Planungs- und Arbeitsschritten führen. Andererseits wird das Unternehmen geeignete Qualifizierungsmaßnahmen ergreifen, um die ins Auge gefaßte Höherqualifizierung seiner ungelernten Kräfte zu erreichen.

Die Firma Ziegelmontagebau Winklmann geht damit einen Weg, der für Industrieunternehmen eher untypisch ist, der jedoch eine konsequente Reaktion auf die Arbeitsmarktsituation darstellt und in überzeugender Weise die betrieblichen Anforderungen mit Qualifizierungschancen für seine Mitarbeiter verbindet. Ist gewöhnlich der investive Aufwand der Mechanisierung produktiver Prozesse von der unternehmerischen Zielsetzung mitmotiviert, kostenintensive, qualifizierte Arbeit auf einfache Tätigkeiten zurückzuführen, die auch von ungelernten Arbeitskräften durchgeführt werden können, versucht das Rötzer Unternehmen ungelernte Arbeitskräfte zur Bewältigung von Aufgaben zu qualifizieren, die bislang zum Tätigkeitskreis gelernter Facharbeiter gehörten. Der Einsatz neuer Technologien und die Einführung neuer Organisationsstrukturen erfüllen dabei die doppelte Funktion, einerseits die Einzelaufgaben soweit zu vereinfachen und zu spezifizieren, daß sie von bislang ungelernten Arbeitskräften nach einer Anlernzeit von ca. 6 Monaten erfüllt werden können. Andererseits wird durch die Umstellung von Technologie und Organisation die Produktivitätssteigerung erbracht, die es erlaubt, die Mehrkosten für die Höhergruppierung qualifizierterer Mitarbeiter aufzufangen.

Zu erwähnen bleibt, daß die Besetzung des im Bereich der Ziegelsetzautomatikstation entstehenden Arbeitsplatzes eine Qualifikation voraussetzt, die weder im Betrieb vorhanden ist noch durch interne qualifizierende Maßnahmen hergestellt werden kann. Der Arbeitsplatz, dessen Funktion in der Überwachung und Gewährleistung des störungsfreien Prozeßablaufs besteht, verlangt spezielle Kenntnisse auf dem Gebiet speicherprogrammierter Steuerungen und ein hohes Maß an Verläßlichkeit, da der Ausfall der Station schwerwiegende Auswirkungen auf den gesamten Produktionsablauf hat. Dieser Arbeitsplatz ist daher durch einen entsprechend qualifizierten neuen Mitarbeiter zu besetzen.

9.3 Innerbetriebliche qualifizierende Maßnahmen

Die innerbetriebliche Mitarbeiterqualifizierung wird im Rahmen des bereits angesprochenen, in Phasen geplanten Strukturübergangs stattfinden.
In den ersten Monaten des Probebetriebs erhalten die Mitarbeiter von seiten der Herstellerfirmen eine arbeitsplatzbezogene Einweisung in den Umgang mit den neuen technologischen Einrichtungen. Dies betrifft insbesondere auch den für die Überwachung und Kontrolle der Ziegelsetzanlage neu einzustellenden Mitarbeiter, der die Montage der Anlage verfolgen wird und sich auf diese Weise in die spezifischen Probleme der Anlagensteuerung einarbeiten kann.
Bis zum Erreichen eines störungsfreien und planmäßigen Ablaufs der Produktion im neuen Werk wird die Produktion im alten Werk parallel fortgeführt. Gewährleistet wird dadurch einerseits die Kontinuität der Produktion, andererseits können die neu eingestellten Mitarbeiter in dieser Zeit von den Kollegen in den bestehenden Fertigungsgruppen in die Fertigungsverfahren und -abläufe eingeführt werden. Durch das Qualifizierungskonzept "learning by doing" wird ein hohes Maß an Praxisorientierung ermöglicht. Das Konzept beruht auf der aus dem bisherigen Einsatz von Fertigungsgruppen gewonnenen Erkenntnis, daß die Zusammenarbeit von erfahrenen Mitarbeitern und anzulernenden Arbeitskräften in der Gruppe eine effiziente Qualifizierungsmethode darstellt. Auf diesen gruppendynamischen Effekt des "Patensystems" werden auch die weiteren Qualifizierungsschritte aufgebaut.
Die Umsetzung der Mitarbeiter auf die Arbeitsplätze im neuen Werk erfolgt zunächst in Form einer starren Zuordnung der Mitarbeiter zu jeweils einer der Arbeitsstationen. Dadurch wird der Erwerb fundierter, arbeitsplatzbezogener Kenntnisse und die gezielte Aneignung der an der jeweiligen Arbeitsstation erforderlichen Fertigkeiten ermöglicht. Die Umsetzung erfolgt dabei so, daß in den stationsgebundenen Fertigungsgruppen

jeweils eingearbeitete und anzulernende Mitarbeiter zusammenarbeiten, um die qualifizierenden Potenzen des "Patensystems" zu realisieren.
Nachdem sich die Mitarbeiter mit dem Tätigkeitsfeld einer Arbeitsstation vertraut machen konnten, erfolgt ein Arbeitsplatzwechsel, der die Qualifizierung für die Arbeit an der nächsten Arbeitsstation ermöglicht. In diesem Rotationsverfahren werden von den Mitarbeitern alle Arbeitsstationen der Reihe nach besetzt, bis von jeder Fertigungsgruppe alle Arbeitsvorgänge durchgeführt werden können. Auch bei dieser qualifizierenden Arbeitsplatzrotation wird die Zusammenarbeit im "Patensystem" dadurch gewährleistet, daß nicht alle Mitglieder einer Fertigungsgruppe gleichzeitig zum nächsten Arbeitsplatz wechseln.
Nachdem das Qualifizierungsziel universell einsetzbarer Fertigungsgruppen erreicht ist, kann zu flexibleren Organisationsstrukturen übergegangen werden, die abwechslungsreichere Arbeitsabläufe und umfassende Arbeitsinhalte erlauben. Die vorgesehenen Qualifizierungsmaßnahmen zielen somit darauf, die Voraussetzungen für eine ganzheitliche Gestaltung der Arbeitsinhalte herzustellen.
Da bei der praktischen Einführung einer innovativen Gesamtkonzeption, die Auswirkungen auf alle Bereiche und auf alle Ebenen des Fertigungsprozesses hat, damit zu rechnen ist, daß – gerade in der Anfangszeit – neuartige Probleme auftreten, mit denen die Mitarbeiter konfrontiert werden, wird zum Abbau der daraus erwachsenden Belastungen eine Werkstatt-Lerngruppe eingerichtet. Diese bietet den Mitarbeitern Gelegenheit, auftretende Probleme vorzutragen und in der Gruppe unter Anleitung eines erfahrenen Moderators zu diskutieren. Angestrebt ist durch dieses Lernmodell die Einbindung der Mitarbeiter in den Prozeß der Suche nach praxisnahen Problemlösungen. In der Beteiligung der Mitarbeiter an diesem Prozeß ist ein wichtiges Instrument zur Beseitigung von Akzeptanzproblemen gegenüber der Unternehmensinnovation zu sehen.

10 Zusammenfassung und Ausblick

Das Ziel des Forschungsvorhabens, durch die Entwicklung und Realisierung eines Gesamtkonzepts innovativer Unternehmensgestaltung einen umfassenden Belastungsabbau herbeizuführen und durch menschengerechte Technologiegestaltung und Organisationsformen die Arbeitsbedingungen im Bauwesen an das Niveau anderer Industiebranchen heranzuführen, konnte exemplarisch verwirklicht werden. Der erreichte Stand der Technik im Ziegelmontagebau der Fa. Ziegelmontagebau Winklmann stellt ein für die Baubranche insgesamt zukunftsweisendes Konzept dar, das den Gesichtspunkten der belastungsminimierenden Arbeitsgestaltung, der qualitätsorientierten Produktfertigung und der wirtschaftlichen Durchsetzbarkeit von Verfahrensentwicklungen gleichermaßen Rechnung trägt.

Durch den ganzheitlichen Forschungsansatz konnten Ergebnisse gewonnen werden, die den Charakter einer umfassenden Gesamtlösung auf dem Feld der Industrieplanung haben. Für zahlreiche Detailprobleme konnten im Rahmen des Forschungsvorhabens neue Wege aufgezeigt werden, die in ihrer Summe die Arbeitsbedingungen im Vorfertigungs- und im Montagebereich entscheidend verbessern.

Da die Forschung im Hinblick auf die Errichtung eines neuen Fertigungswerks betrieben wurde und ihre Resultate in diesem Werk weitgehend umgesetzt wurden, sind die gewonnenen Ergebnisse in hohem Maße anwendungsorientiert. Es handelt sich bei den Forschungsergebnissen nicht um abstrakte wissenschaftliche Einsichten, sondern um Verfahrensentwicklungen, für die in zahlreichen Einzelprüfungen und in ihrer praktischen Umsetzung der Nachweis der technischen und wirtschaftlichen Durchführbarkeit erbracht wurde.

An Einzelergebnissen besonders herauszustellen sind:

- Die Automation des Ziegel-Setzvorgangs,

- die Entwicklung von Softwarelösungen für den Einsatz der EDV in den Bereichen Bauplanung, Arbeitsvorbereitung, Maschinensteuerung und Routenplanung.

- die Entwicklung eines neuen Verfahrens zur werkseitigen Aufbringung des Deckenputzes,

- die Steigerung des Vorfertigungsgrades und der Fertigungsgenauigkeit der vorgefertigten Ziegeltafeln,

- der Einsatz von gemischten Arbeitsgruppen, der für den Montagebereich eine neue arbeitsorganisatorische Konzeption darstellt.

Hervorzuheben ist, daß die Relevanz der Forschungsergebnisse nicht auf die spezifische Ausgangslage und Zieldefinition des durchführenden Unternehmens eingeschränkt ist. Die Resultate sind auf breiterer Basis umsetzbar und zeigen der Baubranche insgesamt neue Ansatzpunkte und Perspektiven auf, die Notwendigkeit unternehmerischer Wettbewerbssicherung mit dem Bedürfnis nach menschengerecht gestalteten Arbeitsplätzen in Einklang zu bringen. In diesem Zusammenhang ist von besonderer Bedeutung, daß

- die entwickelten Vorfertigungsverfahren nicht nur im Ziegelmontagebau, sondern auch im Kalksandstein- und im Betonbau eingesetzt werden können;
- die erzielten Fortschritte im Integrationsgrad und in der Maßgenauigkeit der vorgefertigten Bauelemente deren Einsatzmöglichkeiten im konventionellen Bauen verbessern;
- die entwickelten arbeitsorganisatorischen Modelle auch von konventionell verfahrenden Bauunternehmen anwendbar sind.

Die Entwicklung des Verfahrens einer rechnergestützten Routenplanung stellt ein Ergebnis dar, dem eine über die Baubranche hinausweisende Bedeutung zukommt.

Um auch in Zukunft den neuesten Stand der Entwicklung zu erhalten und somit die Wettbewerbsfähigkeit des Unternehmens dauerhaft zu sichern, wurde auf der Ebene der Unternehmensorganisation der neue Fachbereich Werksplanung und Organisation geschaffen. Dieser wurde betraut mit den Aufgaben

- Verfahrens- und Technologieprüfung,
- Organisationsentwicklung für neue Abläufe.

Eine solche organisatorische Einbindung des Aspekts kreativer Unternehmensgestaltung in die Unternehmensstruktur stellt einen für die Baubranche neuartigen Ansatz dar, die innovativen Aufgaben der Zukunft rechtzeitig zu erkennen und zu meistern.

Literaturhinweise

[1] Arbeit und Technik. (Hrsg.) (1990). Chancen und Risiken für die Arbeitswelt von morgen. Bonn: o.V.
[2] Bauberufsgenossenschaft (Hrsg.) (1989). Verbesserung der Arbeitsbedingungen in der Bauwirtschaft. Hannover: Mitteilungsblatt 4/89, o.V.
[3] Bundesministerium für Forschung und Technologie (Hrsg.) (1992). Forschungs- und Entwicklungsprogramm Arbeit und Technik. Bonn: o.V.
[4] Bundesministerium für Forschung und Technologie, Bundesministerium für Arbeit und Sozialordnung (Hrsg.) (1991). Bekanntmachung über die Förderung von Forschung und Entwicklung zur Verbesserung der Arbeitsbedingungen in der Bauwirtschaft. Bonn: o.V.
[5] Bundesministerium für Raumordnung, Bauwesen und Städtebau (Hrsg.) (1976). Rationalisierung aus der Sicht der Beteiligten. Bonn: Schriftenreihe Bau und Wohnungsforschung. o.V.
[6] Cordes, A., Scholz, S. (1985). Grundlagen der Beton- und Montagebauarbeiten. Berlin: VEB Verlag für Bauwesen.
[7] Gropius, W. (1974). Bauhausbauten Dessau. Mainz: Kupferberg
[8] Halász, R., Tantow, G. v. (1966). Großtafelbauten. Konstruktion und Berechnung. Berlin: Verlag Wilhelm Ernst & Sohn
[9] Interessengemeinschaft Montagebau mit Ziegelelementen GmbH (IMZ). Ziegelmontagebau. Sonderdruck aus ZIEGEL 1969/70.
[9a] Interessengemeinschaft Montagebau mit Ziegelelementen GmbH (IMZ). Ziegelmontagebau. Technische Informationen für Planung und Ausführung 1977.
[10] Interessengemeinschaft Montagebau mit Ziegelelementen GmbH (IMZ) Ziegelmontagebau. Jahrbuch Ziegel 1967/68. S. 150 - 191
[11] Jedamzik, H. W. (1991). Rationelle Verlegetechniken im Mauerwerksbau. Essen: Institut für Ziegelforschung.
[12] Koncz, T. (1973). Handbuch der Fertigteil-Bauweise. Bd. I. Wiesbaden: Bauverlag GmbH
[13] Kotulla, B., Urlau-Clever, B. P., Kotulla, P. (1984). Industrielles Bauen. In: Weller (1985)
[14] Kuhne, V. (1990). Handhabungstechniken zur Humanisierung der Bauarbeit. In: Verein Deutscher Ingenieure (Hrsg.). Baumaschinentechnik. Düsseldorf: Werner Verlag
[15] Landau, K. (1986). Arbeitsgestaltung beim Vermauern großformatiger Steine. Zeitschrift für Arbeitswissenschaften, 1, S. 49 - 57)
[16] Lewicki, B. (1967). Hochbauten aus großformatigen Fertigteilen. Wien: Franz Deuticke Verlag
[17] Meighörner, C. (1992). Einfluß technischer Innovationen auf Belastung und Qualifizierung im Mauerwerksbau mit Schwerpunkt Ziegelmontagebau. Zulas-sungsarbeit für das Lehramt an beruflichen Schulen. München: Technische Univ. Lehrstuhl für Psychologie.
[18] Meyer-Bohe, W. (1972). Beton-Fertigteilbau. Stuttgart: Verlagsanstalt Alexander Koch GmbH
[19] Mitscherlich, A. (1965). Die Unwirtlichkeit unserer Städte. Frankfurt a.M.: Suhrkamp
[20] Reinartz, G., Joost, B. (1992) Abschlußbericht zum Forschungsvorhaben "Ermittlung neuer Wege zum Belastungsabbau in der Vorfertigung von Ziegelelementen durch Erschließung neuer technischer und organisatorischer Hilfen einschließlich geeigneter Qualifizierungskonzepte". Köln: Technischer Überwachungs-Verein Rheinland e.V.
[21] Saam, W. (1992) Bauabläufe optimieren mit EDV. Baugewerbe
[22] Schellbach, G. (1979) Häuser mit vorgefertigten Ziegelelemente erhöhten bauphysikalischen Forderungen angepaßt. Essen: Zeitschrift Ziegelindustrie.
[23] Schellbach, G. (1993) Entwicklung des Ziegelmontagebaus in der Bundesrepublik Deutschland. Essen: Institut für Ziegelforschung e.V.

[24] Schmitt, H. (1978). Hochbau Konstruktion. Braunschweig: Vieweg.
[25] Sebestyén, G. (1969) Die Großtafelbauweise im Wohnungsbau. Düsseldorf: Werner Verlag
[26] Strube, J., Ruppert, F., Waldherr, B., Strobel, G. und Graf Hoyos, C. (1991). Ein handlungsorientiertes Konzept für die Arbeitssicherheit. Forschungsbericht Unterweisen. München: Lehrstuhl für Psychologie.
[27] Testa, C. (1972). Die Industrialisierung des Bauens. Zürich: Verlag für Architekten, Artemis
[28] Trautwein, M. (1990). CAD für Bauingenieure. Stuttgart: Teubner
[29] Udris, I. und Frese, M. (1992). Belastung, Streß, Beanspruchung und ihre Folgen. In: D. Frey, C. Graf Hoyos und D. Stahlberg (Hrsg.). Angewandte Psychologie (S. 428 - 447) Weinheim: Psychologie Verlags Union.
[30] Ulich, E. und Baitsch, C. (1979). Schicht und Nachtarbeit im Betrieb. Zürich, Gottlieb Duttweiler Institut
[31] Weller, K. (1985). Industrielles Bauen 1. Stuttgart: Kohlhammer
[32] Weller, K. (1989). Industrielles Bauen 2. Stuttgart: Kohlhammer
[33] Ziegel 1969/70, Herausgeber: Bundesverband der Deutschen Ziegel-industrie e.V., Bonn

Ausgewertete Unterlagen der Firma Ziegelmontagebau Winklmann

Rötzer Ziegelelementhaus. Baubeschreibungen.
Rötzer Ziegelelementhaus. Ablaufbeschreibung Montage und Ausbau auf der Baustelle
Rötzer Ziegelelementhaus. Anforderungen an ein EDV-System zur Optimierung der Auftragsabwicklung
Mitarbeiterinformation der Fa. Ziegelmontagebau Winklmann
Klaus Harzer Wirtschaft & Technik. Berichtunterlagen.
Zwischenberichte der Firma Ziegelmontagebau Winklmann an das Bundesministerium für Forschung und Technologie über den Ergebnisstand des Forschungsvorhabens
Krehl & Partner Unternehmensberatung für Produkt & Technik GmbH: Abschlußbericht Fertigung und Montage. Anlage
Krehl & Partner Unternehmensberatung für Produkt & Technik GmbH: Verbesserungspotentiale neuer Fertigungsmethoden
Krehl & Partner Unternehmensberatung für Produkt & Technik GmbH: Forschungsprojekt Gesamtkoordination
JUWÖ Ziegel-Fertigdecke. Technische Informationen
Runge Industrieplanung: Beratungsprotokolle, Pflichtenheft für eine teilautomatisierte Umlaufanlage zur liegenden Fertigung von Wand- und Deckenelementen
Dr. Ing. P. Maack GmbH: Pflichtenheft eines CAD-Systems für eine Wand-Produktionsplanung
CESYS EDV-Consulting GmbH: Besprechungsprotokolle und Beschreibung einer Softwarelösung zur EDV-gestützten Routenplanung

Fachverband Ziegelindustrie Nord e.V.: Ziegelmontagebau. Bauberatung
Fachverband Ziegelindustrie Nord e.V.: Ziegelmontagebau. 8/85
Interessengemeinschaft Montagebau mit Ziegelelementen GmbH (IMZ): Montagebau mit Ziegeln aus bauphysikalischer Sicht. Anforderungen - Prüfungen.
Interessengemeinschaft Montagebau mit Ziegelelementen GmbH (IMZ): Montagebau mit Ziegeln

Sachregister

Ablängstation 39
Abschaltbügel 44
Abstandshalter 33
Altersstruktur 1
Anlaufverfahren 38
Anlaufwarneinrichtung 41, 44
Anschlagen 49
Arbeitsbühne 46, 47
Arbeitsentlastung 7
Arbeitserleichterung 42, 48
Arbeitsfläche 32
Arbeitsgestaltung 57
Arbeitsgruppenkapazität 53
Arbeitsinhalt 4, 61
Arbeitsmarktsituation 1
Arbeitsorganisation 4, 55
Arbeitsplatzgestaltung, menschen-
- gerechte 3
Arbeitsschritte 4
Arbeitsschutzvorrichtungen 38
Arbeitsstation 38
Arbeitsunterlagen 62
Arbeitsvorbereitung 42
Arbeitszeitregelung 56
Architekturplanung 42
Armierung 33
Armierungselemente 33
Auftragsterminierung 53
Ausbaugewerke 29
Außenwandtafel 13, 14
Ausgleichselemente 16
Aushärtung 47
Aussparungen 19

Baustoff 9
Beanspruchung 2
Bedienbühne 49
Belastung 2
- bautypisch 2
Belastungsabbau 3, 51
Belastungsfaktoren 32, 36
Belastungsmomente 50
Belastungsreduzierung 3, 52, 55
Bestückungsautomat 46
Bestückungsgerät 30
Betriebsmittel 53
Bewehren 49
Bewehrungsstahl 46
Bodenplatte 29
Bürst-Schabereinheit 44
Bürstensystem 44

CAD-System 42

Dachstuhl 23
Deckenelement 13, 51
Deckenkonstruktion 16
Deckenplatten 6
Deckenputz 39, 51
Deckentafel 13
Deckenziegel 12
Detailzeichnungen 62

Eckpunkt 32
Elementbauweise 6
Elementierungsautomatik 42
Endkontrolle 33, 47
Entlastungsmöglichkeiten 4
Entschalen 47, 48
Entwicklungsstufen 13
Entwurfsvorschlag 29

Fabrikfertigung 7
Fertighausbau 6
Fertigteilbauweise 6
Fertigteile 7
Fertigungsablauf 44, 57
Fertigungsgruppe 33, 58
Fertigungspalette 44
Fertigungsplanung 42
Fertigungsprozeß 4
Fertigungsqualität 4, 29, 30
Fertigungsschritt 42
Finish 22
Fluktuationsraten 1
Fördersystem 41
Formsteine 52
Frässtation 40

Gebietsaufteilung 54
Gefährdung 2
- bautypisch 2
Gefährdungsmoment 32
Geschoßhöhe 19
Gestaltungsflexibilität 30
Gestaltungsmöglichkeiten
- individuelle 4
Großpalette 38
Großtafel 6
Großtafelbauweise 6
Grundbaustoff 9
Grundformen 13
Gruppen, gemischte 59
Gruppenarbeit, flexible 59

Halbstein 32
Hallenkran 46

Handhabungsautomaten 39
Handzange 32
Hausbau, konventioneller 3
Heizungssrohr 22
Hohltafeldeck e 16
Hubtor 46

Industriebau 10
Innenwände 14
Innenwandtafel 13
Innovation 4
Installations-Leerrohre 46
Installationsarbeiten 40
Installationsdose 22
Integrationsleistungen 23
Interessengemeinschaft Montagebau 13

JUWÖ Ziegel-Fertig-Decken 29
JUWÖ-Decke 18
JUWÖ-Deckentafel 32

Keller 23
Kelleraußenwand 29
Kettenfahrt 53
Kippen 49
Kipptischstation 41
Kleintafel 6
Kleintafelbbauweise 6
Konstruktionsverfahren 6
Koordinator 59
Krantransport 49
Kriechgeschwindigkeit 41
Kundensonderwunsch 33
Kundenverhaltensanalyse 30

Laibungsputz 47
Längsrandschalung 44
Leerrohr 22
Leichtbauweise 6
Leichtbetonscheibe 18
learning by doing 64

Maschinensteuerung 22, 43
Maßgenauigkeit 51
Massenliste 42
Massivbauten 6
Massivbauweise 6
Materialanpassung 4
Materialbedarf 42
Materiallisten 62
Materialtransport 52
Mindesttrockenzeit 47
Mitarbeiterqualifizierung 55
Montage 24
Montagebau 2
Montagebauweise 6, 9
Montagetechnologie 25
Montageverfahren 4
Mörtelbett 13

Nacharbeiten 22, 47
Notabschaltung 41
Nutzung 4

Oberflächengestaltung 43
Ölen 48
Organisationsmodell 59
Organisationsstruktur 64

Palettenumlaufverfahren 38
Paßziegel 49
Patensystem 64
Personentransport 52
Planungsabteilung 4
Planungsfreiheit 30
Planungsmaß 30
Planungsraster 30
Plotten 42, 48
Plotterautomat 44
Produktgestaltung 4
Putzbirne 32
Putzen 49
Putzoberfläche 14
Putzseite 47

Qualifikationsanforderungen 61
Qualifikationsstruktur 33
Qualifizierungschancen 61
Qualifizierungskonzept 55
Qualitätsverbesserung 40
Querabschalung 44
Quertransport 46

Rastereinheit 30
Rationalisierung 4
Rationalisierungseffekt 8, 22
Reibradantrieb 41
Reinigen 48
Renovierputzschicht 40
Ringrohrsystem 51
Rippentafel 14
Rohbau, erweiterter 23
Rollokästen 46
Rotationssystem 58
Routenplanung 53, 54
Rüttelböcke 44, 46
Rütteln 44
Rüttelvorgang 46
Rüttlerflasche 33

Sanitärrohinstallation 22
Sanitärrohr 22
Säulendrehkran 47
Schabersytem 44
Schalen 48
Schalungselemente 32, 46
Schalungsoberkante 47
Schichtarbeit 56
Schneidemaschine 33
Setzeinrichtung 46

Setzgreifer 46
Setzstation 48
Sicherheitskonzept 41
Skelettbauweise 6, 10
Sonderlösung 29
Sonderteil 33
Spezial-Deckenziegel 18
Spezialrotation 60
Spezialschalung 18
Stahl-Bügel 18
Stahlschalungsrahmen 30
Stahlstein-Deckenplatten 12
Standardisierung 30
Stein auf Stein 7
Steinsetzgerät 7
Steinsetzvorgang 30
Sternfahrt 53
Stoßfugen
- teilvermörtelte 14
- vollvermörtelte 14
Stressoren 50
Strukturieren 49

Tragelement 6
Transportbewehrung 19
Transportkonzept 53
Transportplanung 54
Transportsystem 4, 52
Transportwegesystem 53
Trockenfräsung 40
Trockenkammer 13
Trocknen 49

Überkopf-Arbeit 39
Überstunden 56
Unterflur-Transport 41
Unternehmensentwicklung
- perspektivenweisende 5

Verbindungstechnik 51
Vergießen 49
Vergußmaterial 33
Vergußtafel 15
Vorfertigung 9
- industrielle 9, 24
- werkseitige 3
Vorfertigungsgrad 4, 22
Vorinstallation 40

Wachstumschancen 4
Wandaufbau 14
Wandgeometrie 42
Wandquerschnitt 14
Wandtafel 6, 13
Wandtafelbau 10
Wandtafelbauweise 6
Wandtafelfertigung, stehende 38
Wannenreinigung 39
Wärmedämmung 18
Wendegerät 47
Werkstatt-Lerngruppe 65
Witterungsschutz 18
Wohngesundheit 9
Wohnklima 9
Wohnungsbau 10

Zementmörtelfugen 18
Ziegelfertigbauteile 12
Ziegelfertigdecken 12
Ziegelhausbau 7
Ziegelmontagebau 7, 12
Ziegelmontagebauweise 3
- Grundzüge der 13
Ziegelsäge 32, 46
Ziegelsetzautomatikstation 64
Ziegelsetzvorgang 39

Ein Ziegelhaus in nur 5 Tagen

1. Tag: Der Keller wird aufgestellt.

2. Tag: Das Erdgeschoß wird errichtet.

3. Tag: Das Dachgeschoß entsteht.

4. Tag: Der Dachstuhl wird aufgebaut.

5. Tag: Der Rohbau ist fertig.

Ihr Traumhaus kommt...

In nur 12 Wochen Bauzeit kann es schon vor Ihnen stehen:
Ihr RÖTZER-ZIEGEL-ELEMENT-HAUS.
Schlüsselfertig, mit allen architektonischen Feinheiten und immer mit Ziegeln und Ziegeldecken.

- Eigene Architekten und Planer
- Eigene Fachhandwerker in allen Gewerken
- Eigenes Serviceteam auch nach dem Einzug
- Mit bewährtem Wärmeschutzpaket
- Über 30 Jahre Erfahrung
- Behagliches Wohnklima durch Vortrocknung
- Anspruchsvolle, zeitgemäße Innenausstattung

Ziegelmontagebau
Winklmann GmbH & Co. KG
Ziegeleistraße 1–10
92444 Rötz
Tel: 0 99 76 / 17-0
Fax: 0 99 76 / 1 75 59

RÖTZER ZIEGEL ELEMENT HAUS

expert verlag

VOB/B

Einführung in den Bauvertrag nach BGB und VOB –
Schwerpunkt VOB/B

Rolf Dierbach
Vors. Richter am LG a.D.

1994, 162 Seiten, DM 49,--
Kontakt & Studium, Band 438
ISBN 3-8169-0997-3

Das Buch vermittelt praxisnah und in einer auch für Nichtjuristen verständlichen Sprache die Grundzüge des Bauvertragsrechts des BGB und insbesondere der VOB (Verdingungsordnung für Bauleistungen). Es berücksichtigt dabei bereits die Neufassung der VOB vom Dezember 1992.

In erster Linie wendet es sich an jene Baupraktiker, die mit dem Abschluß und/oder der Ausführung von Bauverträgen befaßt sind, also an
- Architekten
- Ingenieure des Bauwesens (Hoch-, Tief- und Ingenieurbau, einschließlich Statik, Heizung/Lüftung, Sanitär, Elektro usw.)
- Bauhandwerker aller Sparten (einschließlich Ausbauhandwerker)
  Baukaufleute (auf Auftraggeber- und Auftragnehmerseite)
- Bauherren.

Es kann aber durchaus auch Juristen, die nicht auf Bauvertragsrecht spezialisiert sind, als Einstieg dienen.

Inhalt: Entstehung und Bedeutung der VOB - Kurzer Überblick über die Teile A und C der VOB - Der Bauwerkvertrag des BGB - VOB und AGB-Gesetz - VOB Teil B: Art und Umfang der Leistung - Vergütung - Ausführung (Unterlagen, Fristen, Behinderung, Unterbrechung) - Kündigung - Vertragsstrafe - Abnahme - Gewährleistung - Abrechnung und Zahlung - Sicherheitsleistung - Streitigkeiten

Fordern Sie unsere Fachverzeichnisse an.
Tel. 07159/9265-0, FAX 07159/9265-20

expert verlag GmbH · Postfach 2020 · D-71268 Renningen

expert verlag

BAUPRAXIS

Schäden an Ziegelbauten und ihre Behebung

Schadensanalysen und Konservierungsmaßnahmen

Dr. Renate Nöller

Mit 45 Bildern und 656 Literaturstellen

1992, 96 Seiten, DM 32,--
Baupraxis und Dokumentation, Band 4
ISBN 3-8169-0743-1

Das Buch dient der besseren Identifizierung von Schadensursachen und dem gezielteren Einsatz von Konservierungsmaßnahmen. Es gibt einen Überblick über das komplexe Gebiet und erleichtert zugleich den Einstieg in Spezialthemen. Diesem Zweck dienen auch die umfangreichen Literaturangaben.

Zunächst werden die materialspezifischen Veränderungen dargestellt, die zur Zerstörung von Ziegelbauten führen. Der Leser wird in die Lage versetzt, diese Veränderungen rechtzeitig zu erkennen. Anschließend sind ausführlich die Schäden behandelt, die durch Salze und durch Feuchtigkeit hervorgerufen werden.

Das Buch vermittelt praxisrelevante Materialkenntnisse. Es gibt einen Überblick über mögliche Schäden an Ziegelbauten und über die einschlägigen Untersuchungsmöglichkeiten. Die Wege zur Schadensabwehr werden aufgezeigt.

Schwerpunkte liegen auf folgenden Themen:
- Erkennung und Identifizierung von Schadensbildern
- Konservierungsmaßnahmen, die auf Schäden abgestimmt sind
- Vertiefung spezieller Details.

Die Interessenten: Das Buch richtet sich gleichermaßen an die Planer, Architekten und Ingenieure, an die Hochschullehrer, Bauforscher und Studenten, an die Bausachverständigen, Handwerker und Denkmalpfleger sowie an die Bauindustrie, das Baugewerbe und die Bauverwaltungen.

Fordern Sie unsere Fachverzeichnisse an.
Tel. 07034/4035-36, FAX 07034/7618

expert verlag GmbH, Goethestraße 5, 7044 Ehningen bei Böblingen

Für die Demodiskette ist mindestens folgende Hardware-Ausstattung erforderlich: IBM-kompatibler PC, mindestens 80386, mit 4 MB RAM mit VGA-Grafik-Karte und Festplatte mit mindestens 6 MB freier Kapazität. Die Maus kann optional verwendet werden.

Anmerkung:
Es wird darauf hingewiesen, daß es nach dem Stand der Technik nicht möglich ist, Computer-Software so zu erstellen, daß sie in allen Anwendungen und Kombinationen fehlerfrei arbeitet.